LES
VIGNES AMÉRICAINES

LEUR CULTURE

LEUR RÉSISTANCE AU PHYLLOXERA

ET LEUR AVENIR EN EUROPE

PAR

J.-E. PLANCHON

CORRESPONDANT DE L'INSTITUT
MEMBRE ET DÉLÉGUÉ
DE LA SOCIÉTÉ CENTRALE D'AGRICULTURE DE L'HÉRAULT

————— ✦ —————

MONTPELLIER
C. COULET, LIBRAIRE-ÉDITEUR
LIBRAIRE DE LA FACULTÉ DE MÉDECINE, DE L'ACADÉMIE
DES SCIENCES ET LETTRES
PARIS
ADRIEN DELAHAYE, ÉDITEUR
Place de l'École-de-Médecine

—

1875

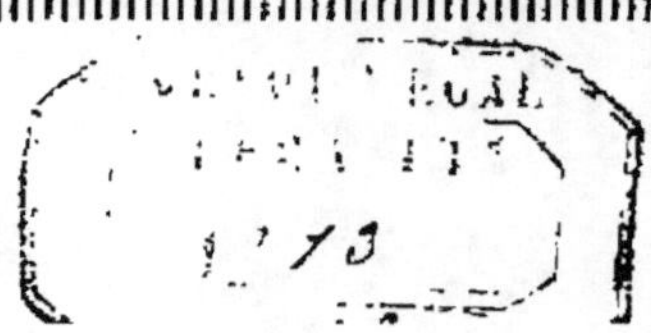

LES
VIGNES AMÉRICAINES

MONTPELLIER — IMPRIMERIE CENTRALE DU MIDI.
Ricateau, Hamelin et Cⁱᵉ

LES
VIGNES AMÉRICAINES

LEUR CULTURE

LEUR RÉSISTANCE AU PHYLLOXERA

ET LEUR AVENIR EN EUROPE

PAR

J.-E. PLANCHON

CORRESPONDANT DE L'INSTITUT

MEMBRE ET DÉLÉGUÉ

DE LA SOCIÉTÉ CENTRALE D'AGRICULTURE DE L'HÉRAULT

MONTPELLIER

C. COULET, LIBRAIRE-ÉDITEUR

LIBRAIRE DE LA FACULTÉ DE MÉDECINE, DE L'ACADÉMIE
DES SCIENCES ET LETTRES

PARIS

ADRIEN DELAHAYE, ÉDITEUR

Place de l'École-de-Médecine

1875

A MES AMIS ET COLLABORATEURS

MESSIEURS

Gaston **BAZILLE**

et

Louis **VIALLA**

PRÉSIDENTS (EN 1874 ET 1873) DE LA SOCIÉTÉ CENTRALE
D'AGRICULTURE DE L'HÉRAULT

Jules **LICHTENSTEIN**

MEMBRE DE LA SOCIÉTÉ ENTOMOLOGIQUE DE FRANCE

Charles **V. RILEY**

ENTOMOLOGISTE EN TITRE DE L'ÉTAT DU MISSOURI

Dr Georges **ENGELMANN**

DE L'ACADÉMIE DES SCIENCES DE SAINT-LOUIS
(MISSOURI)

INTRODUCTION

Le présent opuscule comprend .deux parties distinctes, bien que très-étroitement liées l'une à l'autre. La première, sous la forme d'un rapport officiel, est le compte rendu des études que j'ai faites aux États-Unis en août, septembre et octobre 1873, sur la question complexe du Phylloxera et des Vignes américaines. On y trouvera presque jour par jour mes impressions, mes observations du moment, les notes prises sur le vif et servant de pièces justificatives aux conclusions que j'ai cru pouvoir en tirer.

La seconde partie, conçue sur un plan plus méthodique, répondra, j'espère, à une préoccupation dominante dans le public agricole, en résumant ce que les ouvrages classiques de viticulture américaine nous ont appris sur le mode de culture des vignes de ce grand pays. Les notions précises sur les vignes sauvages y serviront à s'orienter dans le dédale des nombreuses variétés de raisins que moins d'un siècle a vues surgir, avec une merveilleuse fécondité, de quelques types primitifs. On verra combien de diversités de constitution, si l'on peut ainsi parler, se manifestent dans ces créations artificielles, moins robustes la plupart que leurs ancêtres des bois, mais la plupart assez près encore de la nature pour opposer aux attaques d'un ennemi indigène parmi elles plus de résistance que ne le fait notre pauvre vigne de l'Ancien Monde, si justement fière de ses vieux quartiers de noblesse, mais qui n'en succombe pas moins sous les blessures presque invisibles d'un obscur et infime animalcule.

La première mention de la résistance que certains cépages américains opposent au Phylloxera est due à M. Laliman, de Bordeaux. Frappé de voir quelques pieds de ces cépages demeurer luxuriants et pleins de vigueur au milieu de ses autres vignes mortes ou mourantes, ce viticulteur communiqua, en novembre 1869, au Congrès des agriculteurs de France réuni à Beaune, ce fait remarquable d'immunité relative. Il en saisit les conséquences pratiques en montrant dans ces variétés exotiques, alors ignorées ou dédaignées du public, les remplaçants possibles de nos variétés indigènes. Ac-

cueillie par l'indifférence des uns. par l'incrédulité
des autres, cette lueur d'espoir fut saisie pourtant
par les quelques hommes qui savent voir les choses
d'avance et de loin. Bientôt des observations faites
par Riley de l'autre côté de l'Atlantique confirmèrent
dans son ensemble la donnée générale de M. Laliman[1]. C'est alors que, reprenant hardiment une

[1] Publiées en décembre 1870 dans le journal américain intitulé : *the American Entomologist and Botanist*, vol. 2, p. 354-
359, puis reprises dans son *Third Annual Report*, etc., paru
en 1871, ces observations ne portaient d'abord que sur le plus
ou moins grand nombre de galles observées sur telle ou telle
variété. C'est ce qui explique pourquoi Riley proscrivait alors
le *Clinton* comme étant très-infecté par ces galles et pouvant
ainsi infecter les autres vignes. C'est seulement à son retour
d'Europe, à la fin de l'été de 1871 que notre ami a observé
le *Phylloxera* vivant souterrainement sur les racines des
vignes américaines, comme sur celles des vignes d'Europe.
Peu de temps après, il écrivait dans le *Rural New-Yorker* un
article dont il nous communiqua les épreuves, et que nous tra-
duisîmes, M. Lichtenstein et moi, dans le *Messager agricole*,
nº du 10 décembre 1871. Là, il indique avec soin la quantité
relative de galles ou d'insectes radicicoles observés sur 26 variétés. Il revient avec insistance et détail sur ce même sujet
dans son quatrième *Rapport*, etc., pour 1872, et, cette fois,
emprunte au Dr Engelmann une revue-monographie des principales espèces sauvages de vignes des États-Unis, en rattachant autant que possible, à chaque type, les variétés qui
en en sont dérivées. Toutes les critiques dont ces travaux de
Riley ont été l'objet de la part de M. Laliman viennent de ce
que ce viticulteur, ayant perdu ou brouillé la plupart des étiquettes de ses plantes (reçues principalement de M Berck-

idée qu'il avait lancée dès 1869 [1], sur l'avantage qu'il y aurait à trouver pour nos cépages un sujet ou porte-greffe robuste, M. Gaston Bazille n'hésita pas, en juin 1871, à regarder comme tels les cépages américains signalés comme résistants par MM. Laliman et Riley [2]. Peu de temps après, M. Lichtenstein, préoccupé de cette idée de l'existence de cépages indemnes ou réfractaires, demandait à M. Victor Lefranc, alors ministre de l'agriculture, de vouloir bien, par la voie officielle des consulats, en procurer un certain nombre à la Société d'agriculture de l'Hérault. Ce vœu, suivi d'exécution, nous valut au printemps de 1872 les quelques cépages dont on peut voir les échantillons dans notre École d'agriculture. Presque en même temps, sous l'impulsion des articles de M. Gaston Bazille, M. Jules Leenhardt faisait venir des pépinières de MM. Bush des cépages choisis par Riley lui-même

mans), en a déterminé à faux le plus grand nombre, tandis que les déterminations de Riley, puisées aux meilleures sources, notamment dans les grandes cultures du Missouri, dans les pépinières de MM. Bush et dans l'herbier Engelmann, méritent la plus grande confiance.

[1] D'abord dans le *Messager du Midi* du 27 juillet 1869, puis dans le *Bulletin de la Société centrale de l'Hérault*, ann. 1869, p. 289, séance du 2 août 1869.

[2] Voir Gaston Bazille, *Études sur le phylloxera*, article publié le 29 juin 1871 dans le *Messager du Midi*, et reproduit le 10 juillet 1871 dans le *Messager agricole du Midi*

entre ceux qu'il supposait les plus résistants : une partie de ces plants, mis dans le jardin de MM. Bazille et Leenhardt au printemps de 1872, y a pris en trois ans un développement magnifique ; le reste, distribué par les soins de M. Gaston Bazille au milieu de vignes phylloxérées [1], a eu des destinées très-diverses, les uns étant morts, d'autres ayant au contraire survécu à tous les ceps d'Europe placés autour d'eux.

Puisant dans une étude attentive des vignes de M. Laliman une hardiesse plus grande encore, un grand propriétaire de vignobles phylloxérés, M. Fabre, ancien magistrat et député, n'a pas craint d'anticiper à demi sur les résultats de mon voyage, en inaugurant sur une vaste échelle, dans son domaine de Fournel, près Montferrier (Hérault), l'introduction des vignes américaines supposées résistantes, particulièrement le *Clinton* et le *Scuppernong*. On verra plus loin ce qu'il faut penser de cette entreprise et de l'impulsion qu'un tel exemple a donné vers l'introduction des vignes américaines dans les départements de l'Hérault, du Gard,

---

[1] Par exemple chez M. de Girard, chez Mme Serres-Solignac, chez M. Cambon, à Cadenet, chez M. Eugène Raspail, à Gigondas, chez M. Bazille lui-même (mais là dans un terrain supposé non infecté, ce qui n'a pas empêché le phylloxera de s'y montrer, sur les racines, dès la deuxième année de la plantation).

de Vaucluse et des autres centres vinicoles du Sud-Est. Ce mouvement, commencé l'an dernier par dizaines de milliers de sarments, se continue cet hiver par des centaines de mille, le nombre total devant dépasser 2 millions. L'expérience de la résistance de ces plants, à peine ébauchée il y a trois ans sur quelques sarments isolés, va donc se faire par grandes masses. Je me garderai d'en escompter bruyamment les résultats, alors même que je les prévois favorables dans l'ensemble. Ma seule ambition est d'avoir pu, par une étude consciencieuse des faits, tels qu'ils se présentent en Amérique, donner une direction utile à des tentatives auxquelles manquaient jusque-là la connaissance précise des cépages américains, de leur mode de culture, de leur rendement et des qualités de leurs produits. Ce n'est pas à moi de juger dans quelle mesure ce but de ma mission a été rempli.

Il ne s'agit pas, du reste, de sacrifier à des vignes étrangères les cépages qui font la réputation séculaire de nos pays de grands vins. Mais, si la greffe sur vignes américaines, en donnant à nos vignes indigènes des nourrices étrangères robustes et résistantes, leur permet de conserver toutes leurs qualités naturelles que rien ne peut suppléer, on s'estimera peut-être heureux d'avoir pu sauver à ce prix une des richesses et, l'on peut dire, des gloires de notre agriculture nationale.

Quant à ce qui constitue le fond des vignobles à vins ordinaires, sans mépriser ces cépages, qui sont aussi une source de richesse pour le producteur et de bien-être pour le consommateur, on peut se demander si la culture directe de quelques cépages américains ne serait pas encore la voie la plus rapide et la plus sûre pour repeupler provisoirement les vastes espaces où le phylloxera sème des ruines et des perspectives de misère. Que par la submersion, que par des engrais puissants, que par tous les moyens imaginés ou à trouver, on arrive à sauver les vignes d'Europe, ou tout au moins à les faire vivre, malgré l'action constante de l'ennemi, rien de mieux, nous applaudissons de tout cœur aux succès obtenus dans cette voie; mais, en attendant, sur les coteaux, sur les terres maigres et sèches, la vigne, ressource unique et précieuse, disparaîtrait à vue d'œil, et nous ne tenterions pas pour la sauver l'essai si facile des cépages plus robustes[1]! Il faut mieux attendre de l'esprit d'une population intelligente, laborieuse, guidée par une Société qui s'est mise, en toute occasion, á la tête du progrès. En rendant à la Société centrale d'agriculture de l'Hérault

[1] Il va sans dire que je ne conseille l'introduction de vignes américaines que *dans les pays déjà infectés de phylloxera*. Le contraire serait une suprême imprudence, dont je ne voudrais pour rien au monde prendre la responsabilité.

cet hommage, qui n'a que les apparences d'une flatterie, j'ai la conscience d'être simplement et strictement juste; et, si ma mission lointaine, en tant que source d'informations désintéressées, a pu servir de point de départ à d'intéressantes expériences, le pays saura comment le Ministre de l'agriculture, avec une abnégation généreuse, a voulu, tout en s'associant à cette œuvre, la placer directement sous les auspices du corps dont je m'honore d'avoir été le délégué [1].

Montpellier, le 20 novembre 1874.

J.-E. PLANCHON.

----

[1] Le Ministère de l'agriculture a contribué pour la plus large part aux frais de ma mission, sous la forme d'une subvention à la Société centrale d'agriculture de l'Hérault. Cette Société elle-même et le Conseil général de l'Hérault y ont ajouté leur part. J'ai eu également l'appui moral et les encouragements de la Société d'agriculture de Vaucluse et des Chambres de commerce de Montpellier et de Cette. Les subventions de ces dernières ont été réservées et employées pour l'Exposition de vins américains qui a eu lieu à Montpellier, dans notre récent Congrès séricicole et viticole.

LES VIGNES AMÉRICAINES

LEUR CULTURE

LEUR RÉSISTANCE AU PHYLLOXERA

ET LEUR AVENIR EN EUROPE

PREMIÈRE PARTIE

UNE MISSION VITICOLE AUX ÉTATS-UNIS

Rapport à S. E. le Ministre de l'agriculture

MONSIEUR LE MINISTRE,

Le 10 novembre 1873, peu de jours après mon retour d'Amérique, je m'empressai d'adresser à votre honorable prédécesseur, M. de la Bouillerie, un rapport sommaire sur la mission que je venais d'accomplir aux États-Unis, d'après un programme d'études que m'avait tracé la

Société centrale d'agriculture de l'Hérault[1]. Il s'agissait du phylloxera, des vignes américaines et, subsidiaire-

[1] J'insère ici, en note, ce programme, rédigé par une Commission de la Société d'agriculture, composée de MM. L. Vialla, président Gaston Bazille, vice-président, Henri Marès, secrétaire général L Leenhardt, secrétaire ; Durand, Jeannenot, Golfin, Pourquier, F. Sabatier, Sahut, Ch Mion, Planchon.

PHYLLOXERA

1° Études sur le phylloxera sous différentes latitudes. — Son identité en Amérique et en Europe.

2° Galles phylloxériques. — Migration de l'insecte des galles sur les racines. — Trouve-t-on des galles sur tous les cépages américains ? — Les mêmes cépages en ont-ils tous les ans ? — S'il en est autrement, en rechercher la cause.

3° Ennemis du phylloxera. — Y en a-t-il de souterrains ?

4° Etudes sur les mœurs du phylloxera. — Existe-t-il sur ce point des différences entre les insectes des divers pays ? — S'il en existe, faut il les attribuer à des variétés dans l'espèce, aux cépages, au sol ou au climat ? — Divers modes de reproduction.

5° Etendue des ravages du phylloxera en Amérique. — Qu'a-t-on fait pour le combattre ? — Quels résultats a-t-on obtenus ?

VIGNES AMÉRICAINES

6° Espèces sauvages.

7° Variétés ou races cultivées. — Etude complète des vignes américaines. — Leur mode de culture, — leur végétation, — leur production, — leurs principales maladies, — leur résistance relative aux attaques du phylloxera.

8° Détermination très-exacte des variétés susceptibles de résister à cet insecte. — Leurs mérites relatifs, au point de vue de la végétation et de la culture. — Moyens de s'en procurer.

9° De quelle manière les vignes européennes se comportent-elles en Amérique, notamment quand elles se trouvent en présence du phylloxera ? — A-t-on essayé de les greffer sur les vignes américaines ? — Quel genre de greffe a-t-on employé ? — Quels résultats a-t-on obtenus ?

VINS AMÉRICAINS

10° Etudier les vins produits par les vignes américaines. — Envoyer des échantillons aussi complets que possible.

ment, de toutes les questions qui se rattachent à ces deux sujets. Condensé en quelques pages, ce Rapport n'était et ne pouvait être que le prélude d'un travail plus complet et plus détaillé, dans lequel entreraient les preuves et les pièces justificatives des conclusions que je croyais pouvoir hasarder dès ce moment, et que près d'une année de réflexion et d'études ultérieures n'ont fait heureusement que confirmer.

En reprenant aujourd'hui la plume pour vous adresser un nouveau Rapport, j'ai pu hésiter un instant sur la forme à donner à ce travail. Fallait-il, en négligeant l'ordre chronologique de mes notes, extraire de ces documents les conclusions générales et les faire entrer dans le cadre d'une exposition méthodique ? Ou bien, suivant pas à pas l'ordre de mes observations, valait-il mieux associer le lecteur à la marche même de ma pensée, aux tâtonnements, aux incertitudes que comporte toute recherche dégagée de parti pris et d'*à-priori* systématiques ? La première méthode pouvait me séduire, comme étant plus régulière, plus symétrique, moins sujette aux répétitions, éclairant mieux à la fois toutes les faces d'un même objet : j'ai préféré la seconde, parce qu'elle est plus sincère, plus vivante et, en somme, plus vraie. La note prise au moment même, sur le vif, a toujours sa valeur propre, alors même que la réflexion ou la connaissance de nouveaux faits en modifieraient l'interprétation première : mon carnet de voyage sera donc la trame même de ce Rapport ; et, si j'en exclus à dessein tout ce qui serait étranger à l'objet spécial de ma mission, je désire néanmoins, en reproduisant ces notes au jour le jour, me donner vis-à-vis du public impartial le bénéfice d'une sincérité complète. Ce sera la meilleure manière de répondre à des accusations malveillantes qui se sont produites dans un journal de Bordeaux, et que j'ai dédaigné de relever, laissant à la conscience de leur auteur le soin d'en reconnaître l'injustice.

On peut, du reste, combiner les avantages des deux méthodes d'exposition, l'une cursive, l'autre méthodique. Il suffit de joindre au Rapport rédigé d'après la première une étude à la fois théorique et pratique des vignes américaines, considérées, non plus exclusivement dans leur pays même, mais aussi dans nos cultures d'Europe. Les deux œuvres peuvent se compléter l'une l'autre, la première servant d'introduction à la seconde, dans laquelle les divers objets seront étudiés sous des titres bien définis.

Ceci dit, j'entre en matière, passant d'un bond sur l'Atlantique et me trouvant à New-York, où le *Saint-Laurent* m'a déposé le 29 août 1873.

Dès le lendemain de mon arrivée, je suis rejoint par mon ami M. Ch. Riley, l'entomologiste de l'État du Missouri et le savant qui connaît à fond la question du *Phylloxera,* non-seulement en Amérique, mais en Europe, où il est venu l'étudier en 1871. Interrompant un voyage d'exploration dans les Montagnes Rocheuses, M. Riley avait fait plus de mille lieues pour accourir à ma rencontre. Associé de sa personne ou de sa pensée à mes recherches, lui seul m'a rendu possible, dans un espace de temps très-limité, la solution des principales questions qui m'étaient posées. Que d'autres me reprochent d'avoir eu en cet ami comme un écho complaisant de mes opinions : pour moi, qui l'ai vu de près, je rends meilleure justice à la sincérité de son caractère, et je trouve dans la conformité même de nos idées sur des points controversés, non des preuves de complaisance mutuelle, mais des garanties réciproques de la justesse de nos vues[1].

[1] Le Ministère de l'agriculture et du commerce de France a fait œuvre de justice et de bienveillance légitime en accordant, sur ma

Dès le 29 août, Riley me conduit à Ridgewood, dans le New-Jersey, chez son ami M. Andrew S. Fuller. Je ne pouvais trouver pour mon début un hôte plus aimable, plus instruit, plus apte à diriger mes recherches. Botaniste, entomologiste, ancien collaborateur de M. Grant dans une pépinière célèbre de vignes, publiciste agricole, auteur d'un excellent traité sur la culture de la vigne, M. Fuller possède, dans une bibliothèque de choix, tout ce qui a paru sur la viticulture américaine. Arrivés tard dans ce joli site, où mes yeux de botaniste saisissent à la volée les prémices d'une végétation nouvelle, nous consacrons la soirée à des excursions à travers les livres ; mais la journée du lendemain se passe en grande partie dans le jardin ou dans les bois, dont les bouquets, couronnant de vertes collines et dominant des prairies ou des marécages, donnent au paysage le cachet anglais ou normand. La seule vigne sauvage que nous observions est le *Vitis œstivalis.* Malgré son nom de vigne d'été (*Summer Grape*), ses fruits ne sont pas encore mûrs : ils le sont assez cependant pour nous laisser constater l'absence du goût de cassis, qui, joint au petit volume des grains, distingue ce type des Labrusca[1].

M. Fuller n'a pas, à proprement parler, de vignoble, mais une collection de vignes occupant peu d'étendue et comprenant d'assez nombreuses variétés. Plantées en cordon, suivant le mode à peu près général aux Etats-Unis, ces vignes présentent de très-grands écarts dans

demande, à **M. Riley,** une médaille d'or grand module, pour les services qu'il a rendus dans l'importante question du phylloxera

[1] **M. Fuller** cultive un pied de *Vitis œstivalis* venu du Canada et qui a été tué jusqu'au pied par la rigueur de l'hiver précédent ; aujourd'hui les pousses en sont très-vigoureuses et les racines en bon état, bien que portant des traces de phylloxera.

leur développement. A côté d'une ligne de *Concords* très-vigoureux se trouve une ligne d'hybrides de Rogers très-rabougris, une autre d'*Hartford prolific* assez misérables, puis des *Eumelans*, des *Crotons*, des *Senasquas*, des hybrides d'Arnold presque tous morts. Un pied de *Clinton* se montre luxuriant, bien qu'il porte sur ses radicelles des nodosités phylloxériques ; deux pieds de *Diana,* sur la même ligne que les *Concords,* sont beaucoup moins beaux ; un hybride supposé de Chasselas et de Clinton est très-souffrant. Bref, on peut voir là, dans un coin de terrain très-uniforme (détritus de grès rougeâtre et humus), une inégalité frappante dans la vigueur de divers cépages soumis aux mêmes conditions de climat et de culture. Seulement, il serait imprudent de décider, sur cette observation isolée, quelle part ont eue, sur le rabougrissement de certaines variétés, les conditions climatériques, ou l'action du phylloxera, ou celle de cryptogames parasites et d'insectes mangeurs ou suceurs de feuilles [1].

[1] Je citerai, parmi ces cryptogames, celle qu'on pourrait appeler *faux oïdium,* le *Mildew* des Américains, le *Peronospora viticola* des botanistes. Elle se présente comme une sorte de moisissure d'un blanc un peu hyalin, étendue en couche mince et par taches irrégulières à la face inférieure des feuilles. Comme insectes mangeurs, j'ai pu observer, dès les premiers jours, deux coléoptères du groupe des hannetons, le *Pelidnota punctata* et l'*Anomala varians,* Fabric. (*Anomala cœlebs,* Germar, d'après Harris); comme insectes suceurs : 1° de nombreux *Typhlocyba,* espèces de cicadelles qui marchent rapidement et obliquement sous la surface des feuilles à la vigne. En Europe, l'espèce la plus commune (*Typhlocyba viridipes*) ne fait qu'un dommage insignifiant, bien que ce soit elle que plusieurs auteurs ont accusée d'être la cause première de l'oïdium En Amérique, où les espèces sont nombreuses et les individus très-multipliés, leurs piqûres répétées produisent une altération qui se traduit à la face supérieure de la feuille par des taches brunâtres et comme lui-

Comme l'hiver précédent a été très-rude, M. Fuller attribue au froid une partie de la souffrance de variétés qu'il croit délicates, des hybrides de Rogers par exemple ; et ce qui me ferait admettre volontiers cette influence, au moins partielle, du froid, c'est que les *Hartfords prolific,* par exemple, très-affaiblis chez M. Fuller, sont en général compris dans le groupe des cépages qui résistent au phylloxera. Réservons donc tout jugement arrêté sur la résistance relative des cépages à l'action phylloxérique; les occasions ne manqueront pas d'étudier ailleurs cette importante question. Constatons seulement la vigueur exceptionnelle des Concords et du Clinton, dans un terrain où le premier coup de pioche que j'ai fait donner en Amérique m'a montré le phylloxera sur les nodosités des radicelles[1]. Du reste, une observation de M. Fuller prouve combien ces renflements morbides des racines peuvent parfois être abondants : « Vers 1858, chez M. C.-W. Grant, à Iona (New-York), ces nodosités étaient tellement nombreuses que les vignerons les enlevaient en ratissant les racines avec les doigts ; or à ce moment, et dans cette localité, les vignes mortes s'ar-

santes : c'est à ces insectes que les viticulteurs américains ont improprement appliqué le nom de *Thrip* (par corruption de *Thrips*);— 2° un puceron véritable, rapporté jadis par Riley à l'*Aphis vitis* de Scopoli, mais que notre ami a reconnu depuis devoir être une espèce distincte et probablement particulière. On le trouve assez fréquemment sur les extrémités des pampres des vignes, sans que sa présence semble altérer notablement la santé de l'arbuste

[1] C'est sur un *Catawba* assez vigoureux que l'observation a été faite : nous y avons vu des phylloxera jeunes sur deux petites nodosités Le reste des racines était assez sain. On verra plus loin que le *Catawba* est un des cépages délicats par rapport au phylloxera. Mais il faut dire que dans ce vignoble, peut-être en raison de la nature physique du sol, l'insecte n'était pas très-abondant

rachaient et s'emportaient par tombereaux. Aujourd'hui que le phylloxera des racines est connu, une telle mortalité s'explique aisément. Alors c'était un mystère dont on cherchait à se rendre compte par des hypothèses en dehors des faits : épuisement du sol, dégénérescence des cépages, variations dans le climat, bref, par des raisonnements creux, qui, au delà comme en deçà de l'Atlantique, sont comme la monnaie courante de l'agriculture routinière.

1er ET 2 SEPTEMBRE. *Philadelphie-Germantown.*— Grâce à la rapidité des chemins de fer, nous voici à Germantown, dans la banlieue de Philadelphie, sous le toit hospitalier d'un ami que j'ai connu, il y a près de trente ans, simple garçon jardinier à Kew (Angleterre). Je le retrouve ici à la tête d'une belle pépinière qu'il exploite en praticien habile, en même temps qu'il en étudie les plantes en botaniste savant. Membre de l'Académie des sciences naturelles de Philadelphie, M. Thomas Meehan est, à titre bénévole, le conservateur du riche herbier de cette corporation scientifique, dont les collections et la bibliothèque me sont libéralement ouvertes. Quelques mois plus tôt, j'aurais pu les consulter sous la direction d'Élias Durand, l'homme qui a le plus fait pour initier la France, sa patrie d'origine, à la connaissance des vignes et des vins de sa patrie adoptive. Par une attention touchante, E. Durand a voulu que son propre herbier, résumé de sa vie de botaniste, fût déposé au Muséum d'histoire naturelle de Paris [1] ; mais il a laissé dans

[1] J'ai étudié depuis mon retour, dans les galeries de notre Muséum, non-seulement les vignes de Durand, mais celles de Michaux, et en général les plantes de cette famille appartenant aux parties tempérées de notre hémisphère.

l'herbier général de Philadelphie, notamment dans la famille des Ampélidées, assez de déterminations et de notes pour que j'aie eu grand profit à passer en revue ces documents : c'était le meilleur moyen de me familiariser par avance avec les vignes sauvages des États-Unis ; c'était aussi, comme on va le voir, l'occasion inattendue de trouver dans une note manuscrite la preuve que la vigne d'Europe peut se greffer avec avantage sur une vigne américaine. En effet, l'herbier de Philadelphie renferme un échantillon de vigne nommée avec raison *vinifera,* et portant sur son étiquette la note suivante, écrite de la propre main de Buckley, botaniste américain bien connu par ses travaux sur la flore du Texas : « N° 79. *Black sweet grape, introduced vine; flourishes finely when engrafted on a mustang stock. I have known it when engrafted on a strong mustang vine, in favorably situated* (sic ! pour : *unfavourably*), *produce* 10 *bushels of grapes the fourth year. Will not thrive with its own root, without a great deal of careful nursing. Blooms in april, ripes in august.* » C'est-à-dire : N° 79, raisin noir doux (serait-ce le *Black sweet water* des catalogues américains?) ; vigne introduite ; prospère remarquablement lorsqu'elle est greffée sur le mustang. (Le *mustang* est une vigne sauvage du Texas remarquable par sa vigueur). Je l'ai vue greffée sur un fort pied de mustang, dans une situation défavorable, porter, la quatrième année, 10 bushels (plus de 3 hectolitres) de raisins. *Elle ne prospère pas sur sa propre racine, à moins de très-grands soins.* Fleurit en avril, mûrit en août. » L'observation importante qui ressort de cette note, c'est qu'une vigne d'Europe végétant mal lorsqu'elle est franche de pied réussit admirablement sur une vigne du Texas, qui partage très-probablement avec la majorité de ses congénères d'Amérique la faculté de résister aux attaques du phylloxera. Prenons acte, en passant, de ce fait ; nous le verrons confirmé par des observations ultérieures.

J'avais espéré trouver dans ce même herbier de l'Académie de Philadelphie deux cryptogames décrites par feu Schweinitz : l'une sous le nom d'*Erysiphe mors uvæ*, comme détruisant les groseilles à maquereau ; l'autre sous le nom d'*Erysiphe necatrix* (par erreur *necator*), comme détruisant les raisins des variétés se rattachant au *Vitis labrusca*. Cette dernière m'intéressait principalement, parce qu'on suppose qu'elle représente à l'état de fructification le plus complet (conceptacles ascophores) l'*oïdium Tuckeri*, dont les ravages sont si connus en Europe, où il se propage principalement par de simples cellules en chapelet (conidies), ou plus rarement par des spores pédiculées dites *stylospores*, renfermées en grand nombre dans une enveloppe simple ou conceptacle, appelé *pycnide*. Toutes les probabilités, en effet, sont en faveur de l'idée émise d'abord par feu Montagne, que l'*oïdium*, si fatal aux vignes de notre continent, n'est pas autre chose que l'état imparfaitement fructifié de l'*Erysiphe necatrix*, qui se présente en Amérique avec sa fructification complète. Malheureusement, l'échantillon type de l'*Erysiphe necatrix* de Schweinitz semble ne plus exister dans son herbier. Je n'ai pu même y voir le paquet des *Erysiphe*, qui doit être simplement égaré loin de sa place ; mais, jusqu'à ce qu'on l'ait retrouvé, cette question des *Erysiphe* (oïdium) de la vigne manque de certains éléments très-utiles à sa solution [1].

---

[1] Ne voulant pas traiter ici incidemment ce sujet si important et si difficile de l'origine, probablement américaine, de notre *oïdium*, je me contenterai de citer divers mémoires ou notes qui se rattachent

Mais, il est temps de revenir aux vignes américaines. La pépinière de M. Meehan, à Germantown, nous en offre un assez grand nombre, sur lesquelles portent nos explorations :

D'abord une longue ligne de *Clintons* de deux ans : végétation vigoureuse, chevelu radiculaire superbe; ni galles sur les feuilles, ni nodosités sur les racines. Mais plus loin, sur des *Clintons* plus âgés, nous trouvons à la fois les nodosités et les galles; or ces pieds n'en sont pas moins vigoureux et luxuriants. Les nodosités occupent des radicelles très-voisines de la surface du sol : sur ces racines, M. Riley découvre deux ou trois larves d'une mouche du groupe des Syrphides (*Pipiza radicum*), qu'il a constaté ailleurs être des mangeuses de phylloxera ; mais, dans les conditions ordinaires, la rareté même de ces larves indique assez qu'elles ne peuvent avoir d'influence appréciable sur le développement de l'ennemi de la vigne.

Les galles du phylloxera des feuilles m'intéressent

plus ou moins directement à cette question : L. R. Tulasne, *Nouvelles Observations sur les* Erysiphe, in. *Ann. des sc. nat* ; 4e série, tom VI (1856), pag. 299-324 ; —Berkeley. *Introduct. to cryptog. botany*, p. 78, 246, 277, 278 : — Ch Desmoulins, dans l'Introduction à son édition annotée des *Vites boreali-americ.*, d'Elias Durand (in *Actes de la Soc. linn. de Bordeaux*, tom. XXIV, 2e livraison), p. 6-15 (opinion de Sprague, de Durand, de Buchanan, sur diverses cryptogames de la vigne);—Thomas Taylor, *Report on fungoid diseases of plants*, in *Report of the Commissioner of agriculture for the year* 1871 (Washington in-8°, 1872), pag 116-118, tab. VII-VIII ; — William Saunders, note dans le 5e rapport de Riley (*Fifth annual Report*, etc.), p. 70. — Je regrette de n'avoir pu consulter encore le travail de feu Montagne, dans les *Mémoires de la Soc. imper. et centrale d'agric. de Paris*, tom. LXIII (année 1853), p. 455 et suiv. Pour d'autres sources bibliographiques, voir Tulasne, dans l'article des *Ann. des sc nat.* cité ci-dessus

d'autant plus que ce sont les premières que je vois
en Amérique. On s'imagine, en général, que toutes les
vignes de ce pays doivent en être criblées ; c'est une erreur dont les écrits de Riley auraient pu nous préser-
ver, en constatant l'irrégularité remarquable de l'apparition de ces galles, tantôt dans un district, tantôt dans
un autre; une année sur une variété de vigne, une année
sur une autre. En général, néanmoins, ces excroissances
sont très-rares chez les variétés des groupes *labrusca*
et *æstivalis*, plus fréquentes chez les *cordifolia* ou *riparia* et leurs dérivés. Mais la preuve qu'on ne peut rien
affirmer d'absolu sur leur absence ou leur présence
possible, c'est que, contrairement à toute attente, un
viticulteur suisse, M. Eugène Morel, établi à Ridgeway, dans la Caroline du Nord, vient de trouver ces mêmes galles sur des *Vitis rotundifolia*, c'est-à-dire chez le
type auquel appartient le *Scuppernong* [1], type que l'on
avait cru jusqu'ici absolument indemne de toute attaque du phylloxera. Je n'ai vu moi-même ces galles en
Amérique que de loin en loin, principalement sur le
Clinton, le *Taylor*, le *Delaware* et la *Vitis riparia* sauvage
de l'île Kelley (lac Érié), et des chutes du Niagara. En
Europe, un hasard heureux me les fit jadis découvrir
à Sorgues (Vaucluse), le 11 juillet 1869, sur un cépage
européen mal déterminé [2] ; presque en même temps,

[1] J'apprends ce fait par une lettre récente de M. Riley (18 septembre 1874), à qui M. Morel a envoyé ces feuilles couvertes de
galles. Ainsi disparaît la prétendue immunité absolue du groupe
des *Vitis rotundifolia* vis-à-vis du phylloxera et même des insectes
en général. Preuve nouvelle, après mille autres, que les observations négatives n'ont jamais la valeur d'une observation positive,
puisqu'une observation nouvelle peut les renverser.

[2] Dans un rapport publié le 25 novembre 1871, dans le *Journal
d'agriculture et d'horticulture de la Gironde*, et cité par M. le D[r]

M. Laliman les observait à Bordeaux sur des cépages américains, et l'on sait que MM. Signoret et Cornu ont fait développer ces productions sur quelques cépages d'Europe, comme je viens de le faire tout récemment sur le *Taylor*.

Au point de vue de la résistance relative des cépages américains par rapport au phylloxera la pépinière de M. Meehan ne peut donner que des aperçus très-peu

Plumeau (*Comptes rendus de l'Association française pour l'avancement des sciences*, session de Bordeaux, p. 637), M. de Lavergne affirme que cette découverte des galles faite par moi à Sorgues est passée inaperçue, et que je n'en ai fait l'objet d'aucune communication à la Commission des agriculteurs de France, avec qui nous voyagions juste en ce moment pour l'étude de la vigne. En cela, la mémoire de M. de Lavergne le sert bien mal, et d'autres témoins pourraient la rectifier; j'ai, au contraire, montré à mes collègues, y compris M. de Lavergne, le phylloxera des galles, je le leur ai fait examiner au microscope, et j'ai soulevé naturellement l'incrédulité de presque tous en leur faisant pressentir que, dans ma pensée, ce phylloxera des feuilles n'était probablement pas autre chose qu'une forme du phylloxera des racines. Lorsque, dans la seconde quinzaine de juillet, la même Commission visita les vignobles du Bordelais, notamment celui de M. Laliman, il ne fut nullement question des galles à phylloxera sur les cépages américains. C'est seulement après notre retour de Bordeaux, et tout à fait à la fin de juillet, que M. Laliman fit connaître ces galles à la Société d'agriculture de Bordeaux. Ceci n'est pas dit pour revendiquer par amour-propre un vain mérite de priorité, mais pour me défendre d'une accusation de plagiat qui s'est produite contre moi, à cette occasion, devant une assemblée aussi sérieuse que l'Association française.

L'importance des galles au point de vue scientifique m'a si peu échappé dès le premier jour, que j'en ai fait le point de départ de l'idée que notre phylloxera d'Europe pourrait bien être le même que le *Pemphigus vitifoliæ* de Fitch, décrit sur les feuilles en Amérique, idée confirmée bientôt après par Lichtenstein, Riley et Signoret.

décisifs : les pieds de vigne y sont pour cela trop dis-
séminés et, d'ailleurs, trop peu infestés de phylloxera,
pour qu'on puisse en conclure rien de bien net. Je con-
state seulement que le *Catawba* cultivé en espalier est
médiocrement vigoureux ; que ses feuilles sont dévorées
par le *Sélandria vitis*, singulier hyménoptère du groupe
des tenthrèdes, dont les larves voraces rappellent, pour
l'apparence, celles de notre Altise d'Europe. Une fouille
superficielle ne nous montrant aucune radicelle, il se
peut bien que ces organes aient pourri par suite des
piqûres du phylloxera.

Des vignes hybrides, *Senasqua, Croton, Paxton*, jeunes encore et médiocrement vigoureuses, ne portent ni
galles, ni nodosités radicellaires. En somme, je n'ai pas
encore vu de vrais vignobles et n'en suis évidemment
qu'au prélude des recherches, aux tâtonnements des
premières observations.

4 ET 5 SEPTEMBRE, *Washington*. — Ici encore, je ne
puis étudier les vignes cultivées en masse ; mais, en re-
vanche, je suis au centre même où aboutissent les renseignements agricoles de tout le pays, et je trouve au
Ministère de l'agriculture des collections de cépages
dont le *Commissioner of agriculture*, M. Frederick Watts,
me permet très-libéralement l'accès. Malheureusement
M. W. Saunders, directeur des jardins et des cultures,
est alors gravement malade ; mais, en son absence, le
jardinier en chef, M. E. Parker, me fait les honneurs de
ces riches collections. Pour ne parler que des vignes,
elles sont réparties en trois divisions distinctes, savoir :
une grande serre à raisins, la collection de cépages de
l'*Agricultural Department*, occupant, comme les grandes
serres et l'édifice entier du ministère, le sommet d'une

petite colline. Enfin, dans le bas, à côté de la célèbre *Institution Smithsonienne*, des cultures plus étendues, appelées *Experimental Garden*, et dans lesquelles, comme le nom l'indique, se fait plus en grand l'essai de plantes mises en expérience. Je parlerai successivement de chacune de ces divisions.

La serre à raisins ne renferme que des cépages exotiques, c'est-à-dire des variétés d'Europe dont les pieds, plantés assez serrés en dedans du petit mur d'appui du toit vitré, sont conduits en espalier le long des demi-cintres de ce toit. Ces vignes, toutes bien portantes, sont aujourd'hui exemptes de galles phylloxériques : quelques fouilles faites au pied d'un petit nombre ne me font découvrir le phylloxera, très-peu abondant, que sur les nodosités des radicelles du *Willmot's n° 16*, sous-variété du *Black Humboldt*. Seulement, il y a deux ans, à ce que me raconte M. le professeur Glover [1], un pied de muscat *Hamburg* et un de *Grissley Frontignac* eurent leurs feuilles couvertes de galles, sans qu'on pût voir les phylloxera sur leurs racines. Coupés au rez du sol, ces pieds ont vigoureusement repoussé. J'en explore moi-même les

[1] M. Townend Glover est attaché à titre d'entomologiste au département de l'Agriculture C'est lui qui m'a fait gracieusement visiter le beau Musée économique et agricole de cet établissement, où la division entomologique comprend une suite très-riche de dessins, tous faits par lui, et représentant sous leurs divers états les insectes utiles ou nuisibles à l'agriculture. Je manquerais à tous les devoirs de gratitude, si je ne remerciais également, pour leur bienveillant accueil et leurs excellents renseignements, MM. les professeurs G. Vasey et Th. Taylor, attachés l'un et l'autre au Ministère de l'agriculture, le premier, à titre de botaniste, et le second, à titre de micrographe (*microscopist*). M Taylor m'a fait voir les préparations microscopiques afférentes à ses études sur les cryptogames qui attaquent la vigne, études publiées en partie dans le volume intitulé : *Report of the commissioner of agriculture for the year* 1871, Washington, in-8°, 1872.

racines, et voici le résultat de cet examen : *Muscat Hamburgh,* radicelles parfaites, pas la moindre trace d'insecte: *Grissley Frontignac,* une radicelle parfaite; une autre portant çà et là de petits tubercules à dépression centrale, accusant peut-être le passage du phylloxera, mais sans qu'on puisse se prononcer à cet égard avec une certitude suffisante. L'essentiel à constater, c'est que l'infection phylloxérique ne s'est pas sensiblement développée depuis deux ans, même dans cet espace clos rempli de cépages d'Europe. Il faudrait se garder de conclure de ce simple fait l'immunité générale de ces cépages; mais il est juste de citer le fait lui-même comme une preuve que l'action du phylloxera n'est pas fatalement intense dans toutes les conditions données.

La collection de vignes en plein air de l'*Agricultural Department* forme de grandes lignes très-largement espacées, où les ceps sont palissés en cordons superposés sur des treillis d'échalas et de fils de fer. Cette collection est très-riche; elle est censée renfermer des exemplaires de tous les cépages du pays. C'est donc pour moi, novice encore en ce sujet, une occasion très-favorable de faire connaissance avec les plus remarquables d'entre ces cépages ; ce serait aussi, semblerait-il, l'occasion d'en étudier la résistance relative, par rapport au phylloxera. Mais deux circonstances ôtent toute valeur sérieuse à cette étude comparative : d'abord la rareté générale, ou, si l'on veut, le peu de développement numérique du phylloxera dans toute la collection[1], ce qui pourrait

---

[1] En 1872, M. Glover examina avec soin les racines des cépages de cette collection, il y constata l'absence complète de phylloxeras et néanmoins plusieurs des variétés avaient des galles sur leurs feuilles. Aujourd'hui, 8 septembre 1873, je ne vois pas une seule galle; mais je trouve çà et là quelques rares phylloxeras.

tenir à la nature un peu sablonneuse du sol ; ensuite le petit nombre de pieds servant de points de comparaison. Pour arriver, sur cette question de résistance comparative, à des conclusions non douteuses, il faut attendre de voir les cépages cultivés en masse : c'est ce que je ne pourrai faire que dans les vignobles de la Caroline du Nord, de l'Ohio et du Missouri. Déjà pourtant les observations suivantes, que je transcris telles quelles de mon carnet, montrent que certains cépages, le *Clinton* par exemple, jouissent d'une remarquable résistance, tandis que d'autres, l'*Isabelle*, le *Rebecca*, le *Brandt*, doivent probablement leur peu de vigueur à la présence ancienne de l'insecte.

Clinton. — Pied très-vigoureux, très-chargé de fruits ; et cependant les radicelles ont des nodosités, les unes fraîches, avec des phylloxera vivants ; les autres déjà noires et pourries (nodosités anciennes). Pied de trois ou quatre ans.

Autre pied de *Clinton :* très-vigoureux. Pas de galles ; beaucoup de racines superficielles pourries, mais pas de phylloxera.

Isabelle.—Demi-vigoureuse ; cependant plus de vrilles ; anciennes nodosités phylloxériques sur les radicelles.

Brandt. — Un des hybrides d'Arnold (n° 8).—Pied très-malade ; racines pourries : pas de phylloxera visible. Nous avons déjà vu, nous verrons surtout les hybrides de vigne d'Amérique et de vigne européenne être en général délicats.

Rebecca. — Racines pourries ; plante souffrante ; pas de radicelles : pas vu de phylloxera.

Baldwin's Lenoir.—Pied très-vigoureux ; beaucoup de racines pourries ; pas vu de phylloxera.

Catawba. — Fruits non mûrs, abondants ; plante assez vigoureuse ; des racines pourries, avec les caractères de

la pourriture phylloxérique, par exemple l'épaississe-
ment de l'écorce.

Othello (Arnold's hybrid, n° 1). — Pied de trois ans,
assez vigoureux : pas de phylloxera sur la seule radicelle
observée.

Elsinburg, ou *Elsinboro*, ou *Elsinborough*. — Très-fertile : pas de phylloxera sur les radicelles, ni sur deux
racines de grosseur moyenne. Pied de trois ans.

Roger's hybrid, n° 2. — Pied de trois ans; pas de phylloxera.

Roger's hybrid, n° 70. — Un jeune phylloxera sur une
racine. Pas de galles; beaucoup de typhlocyba (sorte de
cicadelle) desséchant les feuilles à la manière des thrips.
Plante peu vigoureuse, peu de raisins.

Hartford prolific. — Très-vigoureux, très-fertile ; anciennes nodosités phylloxériques sur une de ses racines.

Rentz. — Pas de phylloxera sur la seule radicelle exa-
minée.

Nous voici maintenant dans l'*Experimental Garden*.

Ici la même variété de vigne compte souvent beaucoup
de ceps (vingt et au delà), constituant sur des treillis verticaux de véritables murs de verdure. La luxuriance du
plus grand nombre s'explique à la fois par la remarquable puissance de végétation de la plupart des vignes
américaines, quand on les cultive à long bois, et par l'absence presque complète de phylloxera dans ce sol riche,
limoneux, mélangé de sable et d'humus, souvent inondé:
toutes conditions défavorables au développement de l'insecte. D'ailleurs, ces vignes sont plus âgées que celles
de l'*Agricultural Department*. Ceci dit, je transcris mes
notes prises sur place, en n'en retranchant que ce qui se
rapporte aux caractères des variétés.

Concord. — Vigoureux. Chevelu radiculaire abondant;

pas de *phylloxera* : des masses de thyphlocyba (cicadelles signalées plus haut) desséchant en partie les feuilles, mais sans grand dommage pour la plante.

Christine ou *Telegraph*, du groupe des *Æstivalis*. — Plantes très-vigoureuses : radicelles sans phylloxera.

Wilmington, groupe des *Labrusca*. — Pied vigoureux : pas de phylloxera.

Dracut Amber, Union Village. —Vigoureux : pas de phylloxera.

Elliot (du groupe des *Æstivalis*). — Pied d'une vigueur extraordinaire : pas de phylloxera. Le sol où croissent ces vignes, naturellement très-humide, est resté submergé pendant trois semaines, en octobre 1872.

Case [1] (du groupe des *Æstivalis* ?). — Très-vigoureux. Radicelles abondantes, sans phylloxera.

Delaware. — Plante très-vigoureuse : pas de phylloxera sur les racines. Nous verrons plus loin que le *Delaware* est, dans la plupart des cas, une vigne très-délicate au phylloxera. Son immunité dans ce terrain tiendrait-elle à la nature du sol ou à la submersion prolongée de l'année précédente ?

Wilder, ou hybride n° 4 de Roger. — Pas vu ses racines, mais le pied est vigoureux. Du reste, malgré sa nature hybride, cette variété est donnée comme robuste en Amérique.

Creveling. — Très-vigoureuses : racines superficielles en mauvais état, mais pas de phylloxera.

Baldwin's Lenoir. — Très-vigoureux : refleurit sur les jeunes pousses.

---

[1] Je ne vois dans aucun catalogue ce nom de *Case*, pas plus que celui d'*Elliot*. L'une et l'autre variété ont des grains petits, noirs, acides, sans goût de cassis.

Devereux. — Très-vigoureux: racines superficielles pourries ; je n'ai pu examiner les autres.

En somme, sauf l'intérêt qu'ont eu pour moi, au point de vue de l'étude des cépages , les collections de Washington, je n'ai pu en retirer grand profit pour la question principale de mon programme, savoir : le degré de résistance de ces cépages à l'action destructive du phylloxera. Deux jours de recherches en plein soleil, sous une chaleur accablante, ont mis à l'épreuve mes forces et ma santé. Il est temps d'aller loin des villes, me retremper dans l'atmosphère vivifiante des champs et des bois.

Ridgeway (Caroline du Nord), 6-13 SEPTEMBRE. — Une maison rustique en pleine forêt, une hospitalité cordiale, des fleurs à foison, de beaux arbres avec leurs allures naturelles, voilà de quoi ravir un botaniste qui, depuis huit jours, transporté dans un monde nouveau pour lui, n'a guère vu de cette végétation originale que de rares et lointaines échappées. Ici, du moins, tout en me livrant sans relâche à des recherches spéciales, j'aurai pour délassement le charme d'une nature demi-sauvage, et pour lieu de ralliement dans mes excursions le toit d'un ami, dans un district où la présence de Belges, de S. -jacob-ot de Français, me rend comme une image de la patrie. Belge d'origine, mais Français par les sympathies, mon hôte, M. J.-L. Labiaux, est venu il y a peu d'années dans ce pays, où la terre est abondante et la population clairsemée, tenter la culture en grand de la vigne européenne Les 70,000 pieds de vigne qu'il a plantés au printemps de 1872 proviennent des cultures de M. Gaston

Bazille, près de Montpellier. Les aramons y dominent de beaucoup, mais on y trouve aussi presque toutes nos variétés languedociennes. A voir ce *plantier* en quinconce, taillé bas et court, suivant l'usage de la France méridionale, je pourrais me faire l'illusion d'être transporté dans mon pays ; mais toute la végétation environnante, mais les tronçons d'arbres coupés près du sol et surgissant comme des bornes au milieu des terres imparfaitement défrichées, m'avertissent que cette région, comprise dans l'un des plus vieux États de l'Amérique, est encore une de celles où la hache du colon européen découpe en pleine forêt des lambeaux de friche pour les cultures herbacées (maïs, coton, tabac) ou pour les vignobles et les vergers.

Plantée un peu tard (fin avril, je crois) en simples sarments, dont quelques-uns avaient des pousses de deux centimètres de long, la vigne naissante de M. Labiaux n'offre que très-peu de vides ; les sarments, à la seconde feuille, dépassent parfois 1$^\mathrm{m}$,40, la moyenne n'atteignant pas un mètre, car le sol de ce domaine, formé de granits et de micaschistes décomposés, n'offre qu'une fertilité moyenne. Heureusement la nature sablonneuse et friable de ce sol promet de soustraire, au moins en partie, les cépages européens à l'action du phylloxera, ennemi toujours présent en Amérique, ne serait-ce que sur les vignes sauvages, notamment sur les *Vitis labrusca* et *riparia,* qui remplissent les bois et les taillis voisins.

Les prédictions sinistres ne manquent pas à M. Labiaux sur le sort prochain de ses cépages d'Europe. Une lettre de M. P.-J. Berckmans lui rappelle avec détail les insuccès trop certains de la culture de notre vigne aux États-Unis. Partageant ces craintes, que des renseignements ultérieurs devaient confirmer, c'est le cœur serré que je me décide à ébranler, de mon côté, les espérances optimistes de mon excellent ami. Je ne lui montre le danger qu'en lui laissant l'espoir de quelques récoltes avant l'envahissement total de son vignoble ; dans l'intervalle, peut-être aura-t-on trouvé les moyens pratiques, soit de détruire l'ennemi, soit de vivre avec lui en lui laissant sa part et soutenant les vignes malades par des engrais énergiques (sulfure de potassium, urine de vache, sulfate d'ammoniaque, guano), traitement auquel les expériences officielles de notre Commission départementale de l'Hérault et les essais de MM. Marès, Gaston Bazille et autres, semblent assurer dans les sols fertiles une certaine efficacité.

Ce serait peut-être ici le lieu de traiter cette question du dépérissement, en quelque sorte fatal, de la vigne européenne dans la partie de l'Amérique où règne le phylloxera, mais j'aime mieux renvoyer cette discussion au moment où nous aurons sous les yeux la preuve palpable d'un désastre de ce genre. Pour le moment, la Caroline du Nord m'offre bien d'autres sujets d'étude, et, en première ligne, celle d'un groupe de vignes extrêmement remarquable, dont le *Scuppernong* est la variété cultivée la plus connue.

Les cépages de ce groupe dérivent tous d'une espèce de vigne très-particulière, le *Vitis rotundifolia* de Michaux, appelé le plus souvent *Vitis vulpina* de Linné[1]. Très-répandue dans les États du Sud, à partir de la Caroline, l'espèce ne supporte pas les hivers de Washington, ni de Cincinnati et de Saint-Louis; elle y gèle régulie-

---

[1] Comme ce nom de *vulpina* a été très-mal défini par Linné, et appliqué par lui à des espèces différentes, je préfère adopter celui de *rotundifolia*, qui n'a donné lieu à aucune confusion.

rement jusqu'au pied et ne peut en aucun cas y mûrir ses fruits. C'est donc proprement une espèce des pays chauds, qui ne conviendrait pas au centre de notre Europe, bien qu'elle ait pu mûrir ses raisins en octobre, dans la collection de M. Victor Pulliat, à Chiroubles (Rhône), en plein Beaujolais. On peut raisonnablement présumer que sa culture réussirait dans la région méditerranéenne, notamment dans notre Algérie, comme dans le sud de l'Espagne, de l'Italie et même de la France. Mais les caractères de cette vigne sont si singuliers, son mode de culture si spécial, ses produits si étranges, que nous devons tout d'abord examiner ces divers points dans le pays même, afin de peser les avantages et les inconvénients de son introduction possible dans notre propre région.

A l'état sauvage, le *Vitis rotundifolia* porte le nom vulgaire de *Muscadine*. C'est un arbuste vigoureux, luxuriant, dont les tiges flexibles et élancées grimpent au sommet des plus grands arbres, qu'elles étouffent parfois sous l'étreinte de leurs innombrables rameaux. L'écorce de ces rameaux, à l'état adulte (d'un an, deux ans et au delà), au lieu d'être striée et de se détacher en lambeaux, comme chez notre vigne d'Europe et chez toutes les autres vignes d'Amérique, est au contraire fortement adhérente, sans stries, mais criblée de petits points tuberculeux (lenticelles) ; les feuilles, toujours sans lobes, mais avec de grosses dentelures triangulaires, sont petites, cordiformes ou deltoïdes, lisses, glabres, luisantes et d'un vert gai ; les vrilles, toujours simples (non rameuses), sont opposées une à une à chaque feuille, sauf le cas où des grappes en tiennent la place. Les grappes à fleur sont petites ; les fleurs assez nombreuses quand elles sont mâles (portées sur des pieds distincts

de ceux des femelles), moins nombreuses quand elle:
sont hermaphrodites ou femelles, et ne donnent nais
sance, en tout cas, qu'à un petit nombre de grains (de
trois à neuf) dans chaque grappe fructifiée. Ces grain:
ou baies, assez gros, durs comme des balles, avec une
peau très-épaisse, se détachent un à un à mesure qu'il:
mûrissent, de façon à donner l'idée de groseilles à ma
quereau plutôt que d'un raisin véritable. Une coupe ver
ticale de ces baies montre que leur pulpe se compose
de deux portions : l'une, périphérique, épaisse de 1 à 2^{mm}
adhérente à la peau; l'autre, en forme de boule, occu·
pant tout le centre de la baie et enveloppant les pepins.
Ces deux parties sont limitées par un réseau lâche de
veines ou nervures, qui reste adhérent à la zone périphérique. La pulpe des deux zones est très-peu fondante :
elle résiste à la pression des lèvres, et ne se dissout, ou
plutôt ne se divise, que lentement dans la bouche [1].

Le goût *foxy* (un peu différent de celui des *Labrusca*]
existe dans la pulpe intérieure, mais surtout dans l'extérieure. La peau, très-épaisse, porte en dedans les cel·
lules à pigment, apparentes surtout dans une des variétés à fruit noir violet, qui se trouve à l'état sauvage
dans les bois et que l'on cultive sous le nom de *Mish* :
celui-ci peut sortir, m'assure-t-on, du semis de la va-

---

[1] J'ajoute en note les caractères des graines de la Muscadine
sauvage à fruits violets : deux à quatre graines dans chaque baie.
Il faut une pression assez forte pour les faire sortir du sac pulpeux
qui leur forme une enveloppe commune. Elles sont d'un fauve oli
vâtre clair, luisantes. La plupart portent à leur bout pointu un petit appendice brun (funicule). Leur forme générale est ellipsoïdo-
ovoïde-subpyriforme, avec le bout ombilical un peu triangulaire.
Face ventrale un peu carénée, dos un peu convexe, offrant vers le
milieu de la ligne médiane une dépression (région chalazique) d'où
partent, en rayonnant, quelques sillons superficiels.

riété à fruits jaunes-mordorés, qui constitue proprement le *Scuppernong* et dont j'ai observé le type sauvage, à fruits plus petits, dans les bois des environs de Ridge-way.

Le *Scuppernong,* dans des sols fertiles, acquiert des dimensions vraiment extraordinaires. On en cite un pied qui, planté dans l'île Roanoke par les premiers explora-teurs de la Caroline du Nord, persiste encore, comme un monument vivant de la conquête du pays, et cou-vre à lui seul plus de 40 ares d'étendue. M. Labiaux m'en signale un autre, chez le père du colonel Carrow, qui s'étend sur plus de 80 ares. Je n'ai pas vu moi-même de tels prodiges de végétation, mais les notes sui-vantes indiqueront suffisamment la rapidité de crois-sance de ce remarquable type, ainsi que d'autres parti-cularités qui le distinguent entre toutes les vignes autres que les *rotundifolia.*

Ridgeway. Scuppernong de M. J.-A. Cheatam. — Pied de cinq ans, en tonnelle, couvrant une superficie d'en-viron 8^m sur 4^m. Grappes relativement fournies, com-prenant jusqu'à neuf grains ensemble. Des racines ad-ventives se détachent des sarments aériens placés sous le fourré de ramuscules qui constitue le dais de cette treille. Cette disposition à pousser des radicelles dans l'air est très-singulière chez une plante qu'on a tant de peine à bouturer, et qui ne s'enracine guère que par des marcottes faites pendant la période de végétation. Les radicelles adventives se soudent parfois entre elles, for-mant alors de larges lames irrégulièrement frangées.

M. Cheatam me montre aussi dix autres exemplaires de vigne provenant d'un semis de *Scuppernong* (forme cultivée du *Vitis rotundifolia,* à fruits jaune mordoré) :

dans ce nombre, neuf ont reproduit la variété, le dixième
est à fruit rouge.

Ridgeway, 8 SEPTEMBRE 1873 [1]. *Scuppernong* de
M. R.-E. Twitty.—Pied de trois ans formant berceau, et
couvrant un espace d'au moins 12^m de long sur 4 de
large. Vigueur remarquable. Fruits blancs, moins *foxy*
que ceux du Dr Hawkins, un peu acides, d'ailleurs su-
crés, à pulpe demi-fondante. Ni galles sur les feuilles, ni
phylloxera sur les radicelles [2].

Kittrels, Caroline du Nord, 10 ET 11 SEPTEMBRE 1873.
Vignoble de M. S.-R. Hunt. — Environ 20 hectares de
Scuppernongs : ces ceps sont plantés en treilles ou berceaux plats, espacés ou alignés, reposant sur des traverses parallèles appuyées sur un cadre de bois, que supportent six troncs d'arbre coupés et fixés en terre. Le

---

[1] Sur la recommandation de mon ami, M. Labiaux, M. le D[r]
Hawkins, grand propriétaire et directeur du chemin de fer de
Weldon à Raleigh, m'a reçu de la manière la plus gracieuse et m'a
facilité par tous les moyens les recherches que j'avais à faire dans
le pays. Je suis heureux de lui en exprimer ici ma reconnaissance.

[2] Pour ne pas interrompre la série des renseignements sur le
Scuppernong, je rejette dans une note les observations faites par
moi sur d'autres cépages dans les environs de Ridgeway.

New-Ridgeway, 9 septembre. —Vignoble de M. Ch. Petar, d'environ 12 hectares d'étendue, mal tenu, plein de mauvaises herbes,
comprenant surtout des Concords et des Clintons.

Concord. Beaucoup de ceps ont perdu leurs feuilles, pliées et rongées par une sorte de pyrale (*Desmia maculalis*), mais leurs racines
sont saines et sans phylloxeras apparents.

Clinton Ni phylloxeras, ni galles. Raisins abondants. Pieds en
apparence souffrants, mais probablement par suite des insectes
(chenilles du *Procris americana*) et des mauvaises cultures. Goût
des raisins *foxy*. L'outillage pour la fabrication du vin est tout à fait
primitif Cependant nous goûtons du Clinton d'un an, fait en vin
blanc, très-limpide. brillant, d'une couleur jaune rougeâtre, très—

rectangle ainsi formé mesure au moins 6 mètres de long sur 2^m,80 de large. Le pied de vigne est planté dans le milieu du quadrilatère ; il s'élève droit à 2 mètres environ, puis se divise en nombreuses branches formant un épais rideau, et dont les plus longues, débordant de toute part le cadre qui soutient l'ensemble, pendent tout autour en longs festons, arrivant parfois au niveau du sol. Quelquefois deux ou plusieurs des berceaux sont contigus, formant alors une sorte d'allée couverte. Les plants sont jeunes (de quatre ans peut-être), très-vigoureux, très-fructifères. Leurs feuilles sont en général intactes et d'un beau vert. Quelques-unes seulement ont des taches rousses, comme de brûlure, avec traces de petits corps durs et noirs (Pyrénomycètes) enchâssés dans leur épaisseur : il faudra les étudier pour savoir si c'est une forme du *rot* des Américains, que je soupçonne être identique avec l'anthracnose de Dunal et Fabre[1] ;

franc de goût, légèrement amer, assez alcoolique sans l'être trop, en somme agréable même à un palais d'Européen.

Ridgeway : 8 septembre 1873. Chez M. Twitty, examiné un pied de Clinton vigoureux. Ni galles ni phylloxeras sur les racines.

Ridgeway, 13 septembre. Examiné les racines de deux *Vitis œstivalis*, dont un jeune (semis spontané) et l'autre très-luxuriant grimpant sur un arbre. Je n'ai pu voir que quelques radicelles superficielles : chevelu sain, pas de phylloxeras.

Exploré les radicelles superficielles de deux petits exemplaires de *Vitis labrusca* sauvage, dont les plus fortes tiges étaient mortes et qui émettaient du pied des sarments encore assez courts (de moins d'un mètre). Chez l'une, quelques nodosités anciennes et pourries ; chez l'autre, nodosités abondantes, phylloxeras de divers âges, nymphes, mères pondeuses, œufs : tout cela à deux pas littéralement des plantations de vignes européennes de M. Labiaux !

[1] Cette étude n'est pas encore complète; mais des faits que j'ai vus récemment chez M. Pulliat, à Chiroubles, me portent à croire, plus que jamais, qu'il y a à chercher des analogies entre certaines formes de l'anthracnose et le *rot*, qui est la maladie la plus redoutée pour les vignes en Amérique

d'autres sont jaunes, ce qui me donne un moment l'idée
que les pieds sur lesquels on les observe pourraient bien
avoir le phylloxera sur leurs racines ; mais des fouilles
réitérées ne me montrent sur ce pied-là, non plus que
sur les autres, la moindre trace de l'insecte. On pouvait
soupçonner cette immunité d'après la réputation établie
des vignes de cette espèce, d'être absolument à l'abri
des attaques des cryptogames et des insectes ; mais le
fait voulait être directement démontré en ce qui concerne le phylloxera des racines, et c'est à quoi ont abouti
jusqu'à présent les nombreuses investigations auxquelles
j'ai soumis, ces jours-là et les suivants, les radicelles des
Muscadines, des *Scuppernongs*, des *Mishes*, c'est-à-dire
des formes sauvages et cultivées du *Vitis rotundifolia* de
la Caroline du Nord.

A quoi tient cette immunité exceptionnelle des racines de ces vignes ? Je ne saurais à cet égard hasarder
qu'une conjecture, c'est que le goût de ces racines ne
convient pas à l'insecte suceur. En effet, les radicelles du
Scuppernong, lorsqu'on les mâche, laissent dans la bouche un arrière-goût d'âcreté qu'on retrouve à peine
chez les radicelles de nos vignes d'Europe et de celles
d'Amérique autres que le *rotundifolia*. Or, bien que le
phylloxera n'ait pas besoin, comme certains pucerons,
de trouver dans les organes qu'il suce un principe sucré
tout formé, on peut supposer, sans trop de hardiesse,
qu'il préfère des racines manifestement douceâtres à des
racines dans lesquelles une saveur acride serait associée
à la saveur fade qui se révèle à la première impression[1].

[1] J'ajoute sur ce sujet une note écrite à Kirkwood, près Saint-
Louis (Missouri), le 20 septembre 1872 :

Vérifié de nouveau ce que j'avais constaté à Ridgeway, savoir la
différence marquée de goût entre les racines du *Vitis labrusca* et
celles du *Scuppernong*. Les premières ont un goût douceâtre, sans

Quoi qu'il en soit, du reste, de la valeur de cette hypothèse, le fait important c'est l'immunité apparemment absolue des *Vitis rotundifolia* vis-à-vis du phylloxera. Ce privilége, on le comprend, rendrait précieuses comme porte-greffes de nos cépages d'Europe les vignes de cette catégorie. Malheureusement, la différence si tranchée entre le bois dur et compacte de ces dernières et le bois tendre de nos vignes laisse peu d'espoir que la greffe puisse s'opérer des unes aux autres. Les tentatives de ce genre faites en France, à Cluny, par M. Briant; à Ridgeway (Caroline du Nord), par notre compatriote, M. Lombard, n'ont donné, après quelques signes de réussite, que des résultats négatifs. On pourra, sans doute, reprendre ces expériences en en variant les conditions; mais la tardivité de végétation des *Vitis rotundifolia* amènerait probablement, dans tous les cas, une rupture d'équilibre entre elles et les cépages plus précoces qu'elles seraient destinées à nourrir.

Resterait la culture directe des *Scuppernongs* et variétés analogues comme producteurs de vin dans notre Europe. A cet égard, je crains bien que les espérancos optimistes de M. Berckmans et de M. Le Hardy de Beaulieu n'aboutissent à des déceptions. Mais ce n'est pas ici le lieu d'insister sur un tel sujet : j'y reviendrai dans l'Appendice de ce Rapport, qui présentera, dans un cadre méthodique, les résultats généraux des études faites de divers côtés, l'Europe comprise, sur les cépages américains. Ici, je reprends le dépouillement de mes notes de voyage.

astringence ni âcreté marquée; les secondes ont un goût manifestement astringent et un peu âcre. Observation faite simultanément par M. Riley et par moi, sur des radicelles de 1 à 2 millimètres de diamètre (celles du *Vitis labrusca*, 2 millimètres; celles du *V. rotundifolia*, 1 millimètre environ)

Dans le vignoble de M. Hunt, où j'ai observé en grand les *Scuppernongs,* se trouvent aussi des lignes de *Catawba,* de *Clinton* et de *Concord,* cultivés sur échalas. L'aspect de ces plants est en général peu brillant, surtout par l'effet du contraste avec la vigueur des *Scuppernongs.* Pour être absolument impartial, je vais transcrire mes impressions du premier jour et les réflexions qu'une nouvelle visite m'a suggérées.

10 SEPTEMBRE. Vignoble de M. Hunt : *Catawba.* — La récolte est faite ; les plantes ont perdu la plus grande partie de leurs feuilles, dévorées par une chenille semblable à notre pyrale, le *Desmia maculalis* Westwood. Peut-être le phylloxera est-il pour quelque chose dans leur état de souffrance : nodosités peu abondantes sur les radicelles ; un phylloxera jeune sur une de ces nodosités. Sol sablonneux, graveleux, consistant en détritus de granit.

Clinton d'environ quatre ans. — Les ceps, comme ceux du *Catawba,* sont élevés sur un seul gros pieu, autour duquel on enroule la tige principale, chargée de ses nombreux sarments de l'année. Pieds évidemment souffrants, végétation arrêtée (en partie du moins), feuilles en partie tombées, pas de vrilles. Nodosités radiculaires portant quelques phylloxeras. Un pied mort dans sa partie extérieure a émis de sa base plusieurs jets vigoureux, dont un d'au moins 4 mètres. Les radicelles superficielles sont chargées de nodosités ; plusieurs des pousses nouvelles portent vers leurs extrémités des galles phylloxériques. Un autre pied à radicelles noueuses et à racines moyennes, en partie pourries, porte un sarment en végétation d'environ 5 mètres, et d'autres d'environ 2 mètres de long.

Concord. Plants de trois ans, en meilleur état, d'une manière générale, que les pieds plus âgés, mais, sur un pied très-malingre, dont les deux tiers supérieurs sont morts, les radicelles portent de nombreuses nodosités chargées de phylloxeras [1].

11 SEPTEMBRE. — Note ajoutée après une inspection nouvelle. Appréciation de la veille trop pessimiste. Je vois que l'aspect malingre de ces plantes vient surtout des ravages exercés sur les feuilles du *Clinton* par le *Procris americana,* singulière chenille de lépidoptère qui dévore la feuille sans la plier, et sur les feuilles des *Catawbas* et des *Concords* par le *Desmia maculalis,* qui plie la feuille en deux au moyen de fils, en même temps qu'elle en ronge le parenchyme.

10 SEPTEMBRE. *Kittrells,* vignoble de M. T. Capehart. — Environ 10 acres (4 hectares à peu près) ; nombre de ceps 4,000, dont 700 *Clintons* et le reste *Concords,* avec quelques *Hartfords prolific.*

Les *Clintons* sont évidemment souffrants. Ils ont perdu la plus grande partie de leurs feuilles, chose assez extraordinaire à cette époque de l'année [2]. Les raisins ont mal mûri. Phylloxeras sur les nodosités des racines superficielles. Les *Clintons,* comme les *Concords,* ont été plantés il y a six ans, et portent fruit depuis trois ans. La vigne n'a pas été travaillée du tout cette année; elle est

---

[1] J'insère ici ces notes, à certains égards contradictoires, pour montrer mes tâtonnements : le moment viendra où l'évidence de la vigueur ou de la faiblesse relative des cépages se révèlera dans toute sa netteté.

[2] Note ajoutée après coup, le 13 septembre. Appréciation trop pessimiste. J'ai vu depuis que les chenilles ont dévoré ces feuilles.

pleine de mauvaises herbes. D'après le propriétaire, ceux qui ont cultivé leurs vignes n'ont pas eu de meilleurs raisins.

Concords en meilleur état que ceux de M. Hunt (M. Capehart dit que sa terre est meilleure). Quelques phylloxeras sur les racines. Les raisins auraient été plus abondants que l'année d'avant s'ils n'avaient souffert du *rot*, le grand ennemi des vendanges en Amérique. Une partie des *Concords*, plus jeunes d'un an, ont mieux mûri leurs raisins. Cependant un des ceps examinés montre le phylloxera sur ses racines.

Hartford prolific. Encore jeunes, assez jolis. Des deux pieds examinés, l'un a les racines saines, l'autre avec quelques nodosités.

Ives seedling. Plantation de deux ans. Environ cinq cents ceps pour une étendue de 80 ares, avec culture intercalaire de coton entre les rangées. Vignes traînantes, non encore échalassées, paraissant bien portantes. Pas de phylloxera sur les racines des deux pieds examinés. Beaucoup de feuilles pliées par la pyrale du pays (*Desmia maculalis*).

M. Capehart, qui nous a fait bon accueil, nous offre du vin de *Clinton* de la vendange précédente, qui se vend un dollar (5 francs) le gallon (les 3 litres, 78). Couleur de Malaga, un peu louche ; goût un peu amer. Pas de défaut capital ; mais pourrait être évidemment meilleur, si les procédés de fabrication n'étaient très-imparfaits dans cette région. Le moût a fermenté vingt heures sur le marc, après quoi il a reçu une demi-livre de sucre par gallon.

Raleigh, 11 ET 12 SEPTEMBRE. — La recommandation de mon ami et compagnon d'excursion, M. Labiaux,

m'avait préparé dans cette jolie ville, chef-lieu de la
Caroline du Nord, un accueil des plus gracieux. Reçus
à la gare par une députation du Comité exécutif de la
Société d'agriculture [1], nous ne perdons pas une minute
et pouvons une heure après, en compagnie de nos
hôtes, visiter le vignoble de Thomasburg, possédé et
exploité en commun par MM. Mahler, Hogg et Blake,
sous la direction d'un vigneron suisse, garçon intelligent, de qui je puis tirer des renseignements précis. Ce
vignoble est de création récente (quatre ans) et d'une
étendue relativement modeste (environ 8 acres, c'est-
à-dire moins de 3 hectares et demi) ; mais les grands
vignobles de la Caroline du Nord consistent surtout en
Scuppernong ou variétés analogues [2]. Ici, je vais voir,
au contraire, cultivés côte à côte et sur une petite
échelle, dans un terrain à peu près uniforme (sol graveleux, de granit décomposé) et de fertilité moyenne, des
cépages de divers groupes, dont je pourrai constater
l'état de vigueur comparatif, sous l'influence du phylloxera. Il faut le dire pourtant, ces observations ne sauraient être que préliminaires ; il faudrait se garder d'en
tirer dès à présent des conclusions bien arrêtées, car le

---

[1] Composée de MM. J.-M. Heck, R.-T. Fulghum, I.-C. Blake
et Jordan Stone, que je remercie, ainsi que M. Mahler et mon compatriote M. Besson, de la bienveillance et des attentions dont ils
m'ont donné les preuves.

[2] Citons par exemple, ceux de M. Frœhlich, dans le comté d'Ha-
lifax, dont un a 62 hectares d'étendue; celui de C.-W. Garret et
Comp., à Ringwood, même comté. 20 hectares en Scuppernong, 10
hectares en Clinton, Concord, etc. ; le Tokay Vineyard, de M. Horne,
à Fayetville, 36 hectares en Scuppernong ; celui de MM. Burbank
et Gallagher, à Washington (Caroline du Nord), à peu près pareil
au précédent M. Frœhlich, à lui seul, a planté en deux ans, pour divers propriétaires, plus de 2000 hectares de Scuppernong.

vignoble est trop jeune, et d'ailleurs le phylloxera, présent à peu près partout, ne se rencontre dans ce terrain
que dans des proportions assez restreintes, soit que le
sol lui soit défavorable, soit qu'il ait eu trop peu de temps
pour s'y multiplier largement, soit que certains des cépages, tels que le *Concord* et le *Clinton*, ne soient pas des
sujets propices à sa rapide propagation. Du reste, mon
impression générale, justifiée par tout ce que j'ai vu
dans la suite, c'est que, sur les vignes américaines même
les moins réfractaires au phylloxera, cet insecte se développe moins vite et en moins grand nombre que sur
les cépages d'origine européenne. Aux États-Unis, on
l'a trouvé partout où l'on a su bien le chercher[1]; mais,
sauf les cas exceptionnels, il s'y montre bien plus bénin
qu'en Europe, ne détruisant qu'un petit nombre de variétés, en affaiblissant quelques autres, produisant parfois
de très-abondantes nodosités sur des cépages très-vigoureux, mais attaquant rarement les radicelles moyennes
et presque jamais le corps même des grosses racines.
Ceci dit, et pour ne pas lasser l'attention en de minutieux détails, je rejette dans des notes mes observations

[1] Ceci semble en contradiction avec le résultat négatif des recherches de ce genre faites en Georgie, par MM. Berckmans, Le Hardy
de Beaulieu et Ravenel : M. Laliman n'a pas manqué de faire
grand bruit de cette prétendue non-existence du phylloxera en
Georgie, c'est à-dire dans la région d'ou il a importé ses cépages. Il a
même publié une lettre que j'écrivais en avril 1874 à M. Berckmans,
et dans laquelle je constatais loyalement que je n'avais pu découvrir l'insecte sur les racines des vignes reçues directement de
cet éminent horticulteur. Mais ce que je puis dire aujourd'hui et
qui ruine absolument la thèse négative de M. Laliman, c'est que,
en juillet dernier, arrachant vingt-cinq de ces vignes, j'ai trouvé
sur les racines de trois d'entre elles (*Taylor*), non-seulement des
phylloxeras vivants, mais des nodosités anciennes attestant la présence de l'insecte dès l'année d'avant.

particulières, me bornant à mettre en relief la vigueur remarquable des *Clintons,* des *Concords,* la faiblesse des *Delawares* et le dépérissement manifeste des *Ionas* et des *Israelas* [1].

En somme, mon court séjour dans la Caroline du Nord, s'il ne m'a pas éclairé beaucoup sur la résistance relative des cépages ordinaires, m'a montré la culture en grand du type de vigne le plus curieux de tous, le plus original et le plus spécial aux États du Sud, le *Scuppernong* et ses proches alliés. J'ai pu, le premier, constater par des fouilles réitérées, soit dans les bois, soit dans les vignobles, l'absence complète du phylloxera sur leurs racines. Ce résultat seul me dédommagerait du voyage, si je n'avais trouvé d'ailleurs, dans les beautés agrestes du pays, dans le bon accueil des habitants, dans l'hospitalité généreuse de mon hôte de Ridgeway, M. Labiaux, non-seulement des compensations à d'inévitables

---

[1] *Jona, Israela* (ce sont des vignes du groupe des *Labrusca*). Pieds de quatre ans, très-malades : nodosités et pourriture aux racines Ont pourtant donné passablement de fruits cette année. On dit ces plantes naturellement faibles

Clinton de deux ans de plantation, environ 80 à 100 plants, tous vigoureux. Ont donné une première récolte cette année Quelques nodosités sur les radicelles. Peu d'insectes

Clinton de cinq ans. Ont fait beaucoup de fruit cette année et l'ont bien mûri. Les feuilles des sarments manquent en grande partie, mais on dit que cela arrive tous les ans à cette époque ; et M. Mahler assure que les chenilles (probablement du *Procris americana*) les ont dévorées : de nouvelles pousses latérales se développent, témoignage de vigueur. Vieilles nodosités des radicelles assez fréquentes, les nouvelles, rares et petites. Très-peu d'insectes, et tous jeunes , peu d'œufs. Le jardinier assure que le Clinton est celui de tous les plants qui pousse le mieux.

Concord de deux ans, environ 400 pieds. Ont donné une récolte cette année, quelques-uns jusqu'à 20 livres (anglaises) de raisins.

fatigues, mais des impressions et des souvenirs qui vivront autant que ma pensée.

Mais j'oublie que je ne suis pas un touriste venu pour chercher des impressions, ni même un botaniste en vacances que tenteraient chaque arbre et chaque fleur; un devoir inexorable, me rivant à un programme défini, règle d'avance l'emploi de mes journées et la direction de mon rapide itinéraire. Les vignobles de l'Ouest m'attendent et me font renoncer, bien qu'à regret, à l'excursion que j'avais projetée jusqu'en Georgie ; d'ailleurs, M. Berckmans est absent d'Augusta, et cette circonstance achève de me décider à remonter vers Baltimore, pour gagner de là Cincinnati, en traversant la chaîne des Alleghanies, qui sépare les États de l'Atlantique de ceux de l'Ouest.

Parti de Ridgeway le 13 septembre au matin, je quitte à Weldon la route directe de Baltimore, préférant, à

Radicelles des trois pieds examinés saines; chevelu abondant.

Isabelle. Assez vigoureuse, mais mûrit mal ses fruits, peut-être par l'effet du *rot*. On dit qn'elle réussit mieux dans les États du Nord.

Delaware, trois ans de plantation Récolte passable, mais végétation languissante (ces vignes sont soumises à des pincements au-dessus du troisième raisin). Nodosités pourries sur les radicelles. Quelques nodosités fraîches, mais petites et peu nombreuses. L'insecte y est très-rare et très-petit.

C'est là que je puis goûter pour la première fois ce joli raisin, le meilleur, on pourrait presque dire le seul bon raisin de bouche de l'Amérique. Les grains roses, doux, fondants, n'ont pas le moindre goût de cassis.

J'insère ici, en passant, une note sur du vin de Clinton :

Raleigh. Bu chez M. Besson, maître tailleur, du vin de Clinton de M. Hunt. Ce vin rappelle le Porto pour la couleur. Il n'a pas de bouquet particulier (preuve que le goût *foxy* du raisin ne passe pas toujours dans le vin). Il doit avoir été viné (alcoolisé), et par là me plaît moins qu'il ne doit plaire aux Anglais et aux Américains Prix : 1 dollar le gallon (5 fr les 3 lit., 78).

cause du pittoresque et pour varier mes points de vue, prendre la voie ferrée de Weldon à Portsmouth, puis le *steamer* de Porsmouth à Baltimore, sur cette magnifique baie de Chesapeake qui s'étend comme une mer intérieure entre le Maryland et la Virginie. Dans la première partie du trajet, la vapeur rapide vous emporte à travers des forêts vierges, entrecoupées de prairies; de champs, de fondrières tourbeuses, de vastes espaces inondés où les troncs droits des cyprès chauves, dominant un sous-bois d'essences diverses, s'implantent par une base graduellement élargie, qu'entourent souvent, comme des buttes saillantes, les singulières tubérosités de leurs racines. Tout cela tourbillonne à mes yeux, qui cherchent à démêler ce riche fouillis de végétaux de tout genre : j'y distingue aisément les guirlandes de pampres des vignes sauvages, *Labrusca, Æstivalis, Muscadine* même (c'est-à-dire *Scuppernong* sauvage), type auquel il faudra dire adieu, en remontant au nord de la Virginie. La nuit m'enlève la vue pittoresque des rives de la baie de Chesapeake, et la matinée du lendemain me retrouve à Baltimore, grande et belle cité que j'avais déjà traversée dans ma pointe vers la Caroline du Nord.

14 SEPTEMBRE. *Baltimore.* — C'est un dimanche, et un dimanche américain, pendant lequel la vie des affaires est à peu près suspendue. J'utilise, du reste, ce jour de repos en reprenant des causeries scientifiques avec un entomologiste distingué, M. Uhler, et visitant avec lui, vers le soir, la magnifique promenade appelée *Druid hill Park.* C'est un parc à l'anglaise, et l'un des plus originaux qui se puissent voir, car il est taillé en pleine forêt naturelle, sur un terrain accidenté, et l'art, en lui

imposant des formes décoratives, a su lui conserver le cachet de la nature. La nuit seule m'arrache à l'admiration de ces beaux massifs, où les chênes d'Amérique se détachent en proportions grandioses : le botaniste, une fois encore, fait violence à ses goûts naturels ; et, dès le lendemain, le chemin de fer de Baltimore-Ohio l'emporte vers les régions de l'Ouest, où la culture de la vigne occupe des espaces bien plus larges que dans les vieux États de l'Est.

15 SEPTEMBRE. Voyage de *Baltimore* à *Cincinnati*. — La portion de cette route entre Harper's Ferry et Grafton est un véritable enchantement pour le touriste. Les montagnes dites *Blue Ridge* et la chaîne principale des Alleghanies, que traverse la voie ferrée, n'ont pas sans doute les proportions imposantes ou les formes abruptes des grandes montagnes de l'Europe ; mais leurs croupes arrondies, couvertes de la base au sommet de forêts à essences variées, s'amoncellent comme les vagues d'un océan de verdure. C'est dans le sein même de ces fourrés d'arbres et d'arbustes que la vapeur s'est frayé juste sa voie, serpentant sur des pentes hardies, perçant avec l'audace américaine à travers tous les obstacles et donnant au voyageur étonné le charme du contraste si fréquent entre la puissance de l'homme moderne, incarnée en quelques engins mécaniques, et la force calme d'une nature encore à demi vierge et très-imparfaitement domptée. Pendant des heures entières je jouis de ce spectacle, dont une course vertigineuse fait un tableau mouvant et changeant ; mes yeux cherchent surtout à saisir les caractères des vignes sauvages, dont les pampres festonnent les arbres et que parfois la main pourrait presque atteindre. La nuit arrive trop tôt, et avec elle la prose

du paysage cultivé, qui reparaît entre Grafton et Cincinnati, mais dont l'obscurité m'épargne le monotone tableau.

16 SEPTEMBRE, *Cincinnati*. — Enfin me voici dans un des principaux centres et presque au berceau même de la grande culture de la vigne en Amérique. C'est ici que, il y a cinquante ans, à partir de 1823, Nathaniel Longworth, reprenant avec intelligence et persévérance des tentatives médiocrement heureuses faites sur divers points de l'Ohio, par des Français et des Suisses, fonda sur la culture du *Catawba* sa propre fortune et une branche de la fortune du pays. La maison de Longworth existe encore, représentée par son fils ; mais bien d'autres se sont fondées et prospèrent à côté, non pas avec les simples ressources des raisins produits dans le voisinage de Cincinnati, mais surtout par l'appoint qu'apportent à la fabrication en grand du champagne américain les vignobles des îles du lac Érié. Le *Catawba,* si précieux pour la production du vin blanc mousseux (*sparkling catawba*), décline depuis vingt ans environ dans la région de Cincinnati. On attribue généralement ce déclin à l'influence du *rot* et du *mildew,* qui sévissent sur ce raisin délicat ; mais nous verrons par la suite que le phylloxera est en partie, sinon pour la plus large part, l'invisible auteur de ce dépérissement évident.

Venu à Cincinnati sans ma provision ordinaire de lettres d'introduction, je n'ai pourtant pas de peine à m'assurer un accueil bienveillant auprès des personnes qui pouvaient faciliter mes recherches. Et, d'abord, je rends visite à l'auteur d'un petit livre demeuré classique en fait de viticulture américaine, M. Robert Buchanan, le publiciste à qui Longworth et ses collaborateurs praticiens doivent leur réputation à l'étranger[1]. M. Buchanan, avec une libéralité parfaite, me donne de vive voix des renseignements qui complètent ceux de son livre. Il m'indique en particulier les caractères du *rot*, cette maladie encore si peu connue, qui fait le désespoir des vignerons américains en détruisant sur le raisin même, d'une manière subite, les promesses des plus belles récoltes. N'ayant pu observer par moi-même cette maladie, qui sévit surtout durant l'été, je condense dans une note tout ce que j'ai pu en apprendre, soit par les descriptions de M. Buchanan, soit par mes conversations avec divers viticulteurs, soit surtout par les détails plus scientifiques qu'a pu m'en donner, à Saint-Louis, le savant botaniste George Engelmann[2].

D'après M. Buchanam, l'étendue actuelle des vignobles, dans un rayon d'environ 20 milles autour de Cincinnati, est à peu près 1,600 à 2,000 hectares. Ne pou-

---

[1] Ce livre, intitulé *Culture of the grape and wine making*, en est à sa 8me édition (1865, la première était de 1850). Il a été analysé par extraits sur la 7me édition (1861), par M. Charles Desmoulins, dans les *Actes de la Société linneenne de Bordeaux*, t. XXIV, 2me livraison, à la suite de la publication annotée des *Vites boreali-americanœ* d'Elias Durand.

[2] Le *rot* s'appelle, à Cincinnati, *small pox*, petite vérole, parce qu'il apparaît d'abord sur les raisins sous la forme d'une tache, qui, blanchâtre dans le centre, s'entoure bientôt d'une aréole ou cercle brun foncé, donnant ainsi grossièrement l'idée d'une pustule variolique. La tache se montre brusquement, au mois de juillet principalement, sur des raisins voisins de la véraison, surtout après un orage ou une brusque transition du froid au chaud Bientôt la peau du raisin se ramollit sur l'étendue même de la tache, mais la pulpe même durcit, se dessèche en tout ou en partie. Il suffit de vingt-quatre heures pour que les taches se produisent. Je n'ai pu les voir à l'état frais; mais le Dr Engelmann m'en a montré sur des raisins à moitié secs et m'y a fait voir de petites

vant en visiter plusieurs, je choisiş comme objet d'étude
celui de Westwood, situé près du village de ce nom, à
quelques milles de Cincinnati, sur un terrain accidenté
de collines, où la vigne se montre çà et là par plaques
d'un vert rougeâtre, sur le fond un peu terne et poudreux d'un paysage déjà rôti par le soleil. En me faisant les honneurs de son vignoble, M. Émile Werk, de
la maison *Werk and sons*, grands producteurs et négociants en vins, me donne sur la culture de la vigne
dans ce pays des renseignements en harmonie avec ceux
de M. Buchanan.

Pendant longtemps, nous l'avons dit, le *Catawba* fut le
cépage dominant; on le cultive encore en grand, ainsi
que le *Delaware,* autre cépage précieux comme raisin
de bouche[2] et comme source d'un vin à parfum très-
délicat. Néanmoins, comme ces variétés sont en déca-
dence, on leur substitue peu à peu, comme vigne à vin,
l'*Ives seedling,* du groupe des *Labrusca,* que l'on pré-

pustules saillantes, qui sont, dit-il, les conceptacles d'un champi-
gnon du groupe des Pyrénomycètes, décrit par Berkeley et Curtis
sous le nom de *Phoma? uvicola*. J'ai retrouvé récemment, le 14 septembre 1874, à Chiroubles (Rhône), sur des grains de raisin d'Europe que M. Pulliat avait reconnus atteints d'anthrachnose, des
taches semblables, portant aussi de petits noyaux durs d'une py-
rénomycète. Une étude attentive de ces productions sur les raisins d'Amérique et d'Europe pourra seule nous éclairer sur l'identité ou la diversité de ces altérations morbides ; mais, dès à présent, je suis très-porté à croire que le *rot* des Américains n'est pas
autre chose qu'une des formes de l'anthracnose, décrite par Fabre
(d'Agde) et Dunal.

[2] A Cincinnati, on vend au coin des rues de jolies grappes de
Delaware, à raison de 15 cents (environ 75 centimes) la livre. Le
même prix se paye pour le Concord, dont le goût *foxy* déplait moins
aux Américains qu'aux Européens Ces chiffres donnent une idée
de la cherté des choses dans ce pays

fère au *Concord* lui-même, parce que ce dernier, très-vigoureux de végétation, a ses raisins très-sujets au *rot*. On cultive peu le *Clinton*, dont le vin n'est pas estimé. Les nombreux échecs de notre vigne d'Europe, enregistrés jadis par Longworth, se sont reproduits vers 1857 et 1858 sur un cépage du Rhin, le *Riessling*, dont les pieds ont péri peu à peu, après trois ou quatre récoltes.

Le vignoble de M. Werk comprend environ 26 hectares d'étendue. Les ceps y sont pour la plupart cultivés sur échalas, mais non en cordons, la tige principale s'élevant de 1^m,50 à 2^m,50 environ le long de l'échalas où elle est fixée, et les sarments étant taillés sur deux ou trois yeux, soit sur la tige maîtresse, soit sur des coursons latéraux tenus assez courts; le sol, en partie transporté, est assez léger comme texture, mais riche en humus, comme limoneux, et ne se fendillant que peu ou pas par la sécheresse. Et pourtant, malgré ces conditions favorables à la vigne et défavorables au phylloxera, je puis déjà voir clairement dans ce vignoble le contraste manifeste entre la vigueur de quelques cépages, tels que le *Clinton*, l'*Ives seedling*, le *Norton's Virginia*, et l'état dé souffrance de quelques autres, tels que le *Catawba* et le *Delaware*, c'est-à-dire les deux variétés que nous verrons être, en définitive, avec certains hybrides de Rogers, les plus sensibles au phylloxera. Je mets en note sur ce point une observation de détail [1].

[1] Vignoble de MM Werk. *Delaware*. Vignes d'environ dix ans, donnant des récoltes, mais évidemment faibles et souffrantes. Leurs feuilles sont toutes tombées. On les dit mangées par des insectes : je vois en effet, sur celles qui restent, la pyrale du pays (*Desmia maculalis*). Énormes nodosités sur les radicelles. Phylloxeras peu abondants, mais présents sous tous les états (œufs, jeunes, adultes)·

Tout à côté, *Clinton* de dix ans très-vigoureux Le contraste entre

Originaire d'Alsace, M. Michel Werk père, aujour-
d'hui secondé par ses deux fils, a fondé ici sa maison de
vins, il y a environ vingt-cinq ans. Il possède sur le lac
Erié, dans l'île appelée *Middle Bass Island*, une cave qui
peut contenir environ 7,760 hectolitres de vin, et à
Vermillion, sur le bord du même lac, un vignoble d'environ 180 hectares, surtout en *Catawha* et en *Delaware*, ce
dernier réussissant mieux sous ce climat qu'à Cincinnati.

Ces négociants achètent, d'ailleurs de grandes quantités de raisins, et font voyager en tonneaux des moûts
avec lesquels ils fabriquent le célèbre *Sparkling Catawba*
(Catawba pétillant ou mousseux), en le soumettant à
des procédés évidemment copiés sur la fabrication de
notre champagne. J'en ai bu chez eux de très-agréable,
qui se vend 18 dollars papier (environ 72 fr.) la caisse.

ces Delawares et ces Clintons est extrêmement frappant Les Clintons
ont à la fois des phylloxeras sur leurs nodosités radicellaires et de
très-nombreuses galles phylloxériques sur leurs feuilles, et pourtant leur force de végétation est remarquable.

Il faut ajouter, pour être exact, que le Delaware ne passe pas
pour être un cépage naturellement vigoureux. Ce défaut de vigueur
pourrait bien tenir à l'action du phylloxera, comme aussi à la constitution même de la plante.

Ives seedling, d'environ dix ans; dépassent 1ᵐ,50 à 2ᵐ.50 de hauteur; sont très-vigoureux; ont conservé toutes leurs feuilles, et
pourtant leurs radicelles portent des phylloxeras.

Les *Delawares intercalés entre les Ives sredling sont misérables!*

Norton's Virginia seedling. Cultivé assez en grand dans ce vignoble. *Magnifique,* très-vigoureux, plus même que le Clinton C'est le
cépage qui donne ici le meilleur vin rouge. le raisin est abondant,
nullement *foxy,* mais peu riche en jus. Pas d'insecte sur les deux
radicelles examinées.

Catawba. N'ont pas été régulièrement cultivés, parce que les raisins ont en partie péri par le *rot.* Ceps assez pauvres d'aspect, bien
moins vigoureux que les *Ives seedling.* Quelques nodosités aux radicelles.

de douze bouteilles ; ils m'ont fait goûter également du Delaware blanc, vin léger et délicatement parfumé, tenant du sauterne ; du vin rouge d'*Ives seedling*, assez corsé ; du vin de *Catawba* blanc du lac Erié et du *Catawba* blanc, mais à nuance rougeâtre, de Cincinnati. Ces vins, que pour ma part je trouve très-agréables, ont été appréciés en Europe même, puisque la maison a eu une première mention honorable à l'Exposition universelle de Paris, en 1867.

Une curieuse machine à nettoyer les bouteilles est mue, chez MM. Werk, par un cheval. J'en verrai plus tard chez M. Kelley, à Kelley Island, une très-curieuse, inventée par M. Farciot et mue au moyen de la vapeur.

En somme, la capitale de l'Ohio m'a montré, sinon de très-grands vignobles, du moins la production du vin sur une échelle très-large et par des procédés perfectionnés. Saint-Louis-du-Missouri, autre centre de viticulture et de commerce de vins, va me fournir sur la question qui m'occupe un champ d'études encore plus large, et que la collaboration de mes amis Riley et Engelmann rendra plus fécond.

Saint-Louis (Missouri), 18-2 septembre.—Emporté par le train rapide à travers les plaines monotones de l'Indiana et de l'Illinois, j'arrive le 17 au soir dans ce grand centre d'activité agricole et commerciale qui, de simple poste de commerce des trappeurs français, avec 120 habitants en 1764, est devenue la cité puissante de plus de 312,000 âmes, où les rares descendants de nos colons primitifs se perdent dans le flot croissant de l'immigration germanique, irlandaise et yankee. La population mixte qui résulte de ce mélange garde pourtant assez le caractère allemand pour que le goût du vin y entretienne et y développe la culture de la vigne. C'est donc un centre d'élection pour les recherches que je poursuis, recherches qu'un séjour d'une semaine va me permettre d'organiser avec plus de calme que dans ma course à vol d'oiseau des jours précédents. Les plus grands vignobles du Missouri sont, il est vrai, assez loin de Saint-Louis, dans les régions d'Hermann, de Franklin et de Sedalia. Mais, comme l'étude scientifique des faits m'est infiniment plus accessible à Saint-Louis même, grâce au concours de MM. Engelmann et Riley, je préfère fixer quelques jours ma tente auprès de ces deux amis, ou, pour parler sans métaphore, accepter l'hospitalité que Riley m'offre auprès de lui, sous le toit de la famille Murtfeldt, à Kirwood, d'où j'aurai à ma portée les vignes de Webster, de Kirwood même et, grâce au chemin de fer, toutes les ressources de Saint-Louis.

Ici, la variété et le nombre de mes recherches m'imposent l'obligation d'introduire un ordre méthodique dans leur exposé. Je vais donc être successivement botaniste avec le docteur Engelmann, entomologiste avec Riley, viticulteur chez MM. Gill et Kelly, dégustateur de vins chez MM. Bush et un peu partout où l'occasion s'en présentera.

Médecin distingué, botaniste très-connu, le docteur George Engelmann, un des plus anciens immigrants qui ont vu naître la prospérité de Saint-Louis, consacre à l'étude des plantes les loisirs que lui laisse sa profession, et que lui fait heureusement très-larges la collaboration d'un fils aussi savant qu'aimable. Une fois hors de son *office* ou bureau de consultations, il retrouve loin du bruit, auprès d'une compagne digne de lui, une retraite calme et studieuse, où j'ai passé quelques-uns des meilleurs moments de mon voyage en Amérique. Voué depuis

longues années à l'étude des vignes sauvag[e]
Unis, M. Engelmann a réuni dans son herbie[r]
énorme de ces plantes, récoltées sur tous l[e]
l'Union, et dont la revue seule nous occu[p]
plusieurs soirées. C'est là que le docteur [c]
ont su découvrir, et que j'ai pu vérifier a[r]
fait des plus importants pour constater [a]
du phylloxera en Amérique: savoir, la p[l]
galles phylloxériques sur les feuilles d'exe[m]
Vitis monticola Buckley, recueillis au Tex[as]
par le botaniste suisse Berlandier. Une disse[r]
tieuse de ces galles nous y fait voir, non-s[e]
structure ordinaire de ces excroissances, ma[is]
secte qui les a produites[1] : donc le *Phylloxe[r]*
sous sa forme *gallicole* de *Pemphigus vitifolii*[v]
rétrospectivement reconnu en Amérique j[u]
rante ans en arrière; et, comme l'identité du[r]
des galles et de celui des racines est expérin[1]
établie d'une façon indubitable, on ne saurai[t]
admettre l'hypothèse de M. Laliman, que l'[l]
rait envoyé récemment à l'Amérique ce dest[l]
vignobles.[u]

Entre autres formes de vignes intéressant[r]
du Dr Engelmann en renferme une étiquetée l[a]
Horti Berolinensis, année 1868. C'est dans l[e]
Berlin qu'Engelmann a trouvé ce nom, don[t]
que moi, il ne s'explique l'origine. Mais la
elle-même est très-curieuse par ses caract[è]

---

[1] J'ai retrouvé ces galles sur les exemplaires de la [v]
provenant du même botaniste-collecteur, dans l'herbie[r]
et dans mon propre herbier. De pareilles galles exist[e]
sur des exemplaires de *Vitis arizonica,* récoltés à [v]
J. Bischoff, en 1871. et conservés dans l'herbier Enge[l]

e rentrer dans le type *cordifolia*, sans que
spécifique avec ce type soit aisée à établir.
c'est la plante que M. Laliman a signalée
évidemment faux de *Vitis rotundifolia*, et
ce viticulteur, aurait au plus haut degré le
résister au phylloxera. J'y reviendrai, pour
ans la partie méthodique qui formera l'an-
sent Rapport.

l'*office* de Riley, comme entomologiste de
ssouri, occupe à Saint-Louis même une des
immenses bâtiments qui renferment côte à
aux des professions les plus diverses ; mais
d'été et d'automne est à la campagne, au
des objets de ses constantes études. Son ca-
vail peut donner envie aux entomologistes
nstallés. Dans un espace très-restreint, une
distribution des appareils permet de suivre
r, et souvent heure par heure, les phases
le tout un monde d'insectes : ici des chenil-
dont on doit renouveler les provisions ; là
les qui dorment dans leurs cocons de soie ou
uche de terre, en attendant l'heure de leur
registres, des dessins, des étiquettes volan-
aux parois des cages en verre qui forment
gerie en miniature ; des livres, des loupes,
nopes, tout l'attirail des recherches patientes
ues, occupe sans l'encombrer ce laboratoire
ir de près tant d'ordre, tant d'observations
enregistrées et suivies, on s'explique com
nual Reports, ou Rapports annuels de Riley
ectes nuisibles, utiles ou autres, de l'État du
ont des modèles du genre et dignes d'être
mme tels à une nation quelconque d'Europe.

C'est là que, pendant plusieurs matinées, toujours trop courtes à mon gré, nous avons patiemment poursuivi, sur des centaines d'exemplaires de *Phylloxera vastatrix* ailés, la solution d'un problème qui devait, faute de données suffisantes, agacer notre curiosité sans la satisfaire. Aujourd'hui même que, mieux éclairés par les remarquables et piquantes découvertes de M. Balbiani, nous voyons cette question sous un nouveau jour, il reste encore des lacunes dans l'enchaînement complet des faits nécessaires pour en avoir une vue d'ensemble parfaitement nette. Il n'en est pas moins intéressant de dresser le bilan de nos connaissances sur ce point litigieux, savoir, sur la signification de l'insecte ailé au point de vue de la reproduction par sexes du phylloxera.

En juillet 1871, M. Lichtenstein et moi, sans nous être concertés, arrivions presque au même instant à distinguer entre les insectes ailés du phylloxera de la vigne, deux formes assez différentes. L'une, à abdomen plus court, généralement dépourvu d'œufs, provenait de nymphes courtes, d'un jaune grisâtre, non étranglées au corselet ; à l'état parfait, leurs ailes présentaient une nervure oblique principale, détachée de la nervure radiale et donnant naissance, par ramification continue, à deux nervures secondaires, confluentes à leur base. Chez l'autre forme, l'abdomen plus long, renfermant à la fois deux ou trois œufs volumineux, semblait indiquer une femelle : cette forme provenait de nymphes plus allongées, d'une teinte orangée assez voyante, avec un étranglement au corselet, au-dessous de l'insertion des ailes ; celles-ci, sur l'insecte parfait, présentaient une nervure principale oblique et, de plus, deux autres fines nervures, partant du bord postérieur de l'aile et s'approchant de la nervure oblique sans néanmoins l'atteindre, ni confluer l'une avec l'autre. L'absence d'œufs dans le premier cas, leur présence dans le second, semblaient indiquer, chez la première forme, le sexe mâle ; chez la seconde, le sexe femelle. Nos conjectures dans ce sens furent partagées par M. Riley, qui, venu en Europe cette année même 1871, emporta des exemplaires des deux formes et les retrouva en Amérique l'année suivante.

Cependant de grands doutes surgissaient dans notre esprit, relativement à ces prétendus mâles : non que nous crussions, avec M. Signoret, que ce fussent des femelles ayant pondu à notre insu; des observations certaines nous démontraient le contraire ; mais l'absence d'organes copulateurs chez les deux formes, la présence chez le mâle supposé, non de spermatozoïdes, mais d'une, deux ou trois vésicules, rappelant les gaînes ovigères, c'étaient là de graves motifs de réserve, qui nous avaient toujours empêché de communiquer à l'Institut nos conjectures sur la sexualité de ces formes.

Reprenant la question à Saint-Louis, en septembre 1873, nous suivions attentivement les allures des deux formes d'insecte ailé mises en présence dans une boîte vitrée : toujours comme des préludes d'accouplement, mais d'union réelle aucune, et pour cause. Une partie du mystère allait s'éclaircir. En étudiant sous le microscope un des mâles supposés, je vois un œuf mûr à la place de la vésicule centrale, qui d'habitude n'offrait, à cette période d'évolution, que des formations cellulaires transparentes. Le prétendu mâle n'était donc qu'une femelle habituellement arrêtée dans l'évolution de ses œufs, ou peut-être simplement retardée, et devant mûrir plus tard ces germes encore imparfaits au moment où l'individu qui les renferme vient d'éclore. En tout cas, nous de-

vions suspendre toute conjecture en attendant de voir
plus clair dans ce sujet difficile. Mais c'est trop insister
peut-être sur une question d'un intérêt tout scientifique et trop spécial pour intéresser les agriculteurs ;
j'en rejette donc, à dessein, dans une note, le plus ample développement [1].

[1] Depuis lors, M. Balbiani (*Comptes rendus de l Academie des sciences*), parlant incidemment de ces insectes à sexes probléma-tiques dont nous lui avions, M. Lichtenstein et moi, signalé le-caractères dans le cours de l'hiver dernier, et qu'il a dû étudier cet été à Montpellier, écrit qu'il les considère comme des neutres ana-logues sexuellement aux neutres des abeilles et des fourmis. La chose est rigoureusement possible, et l'idée nous en avait traversé l'esprit plus d'une fois; mais il me reste un doute à cet égard, parce que je ne vois pas le rôle que rempliraient, dans l'économie biologique du phylloxera, des êtres sans sexe et pourtant destinés évidemment à prendre part aux émigrations de l'espèce hors du sol Je sais bien que cette ignorance du rôle d'une forme d'insecte ne suffirait pas pour nier des faits d'organisation qui se manifesteraient très-clairement, et que l'idée de finalité ne doit pas se mêler hors de propos à l'étude des faits biologiques, sous peine d'en fausser parfois l'interprétation; mais une autre hypothèse se présente, que nous hasardons sous toutes réserves: c'est que des deux formes ailées, l'une, celle qui renferme les corps oviformes qui nous l'avaient fait appeler femelle, est, non pas une femelle dans le sens propre du mot, puisqu'elle ne s'accouple pas, mais bien l'analogue de ce qu'on appelle *nourrice*, dans la théorie de la génération alternante. C'est elle qui déposerait, sans fécondation préalable, les corps oviformes d'où M Balbiani a vu sortir les vraies femelles, petits êtres sans ailes, sans suçoirs, sans tube digestif, qui s'accouplent en nais-sant avec des êtres semblables à eux, mais ayant tous les appareils sexuels des mâles. Ces derniers, sortis de corps oviformes plus petits que ceux d'où naissent les femelles, ne seraient-ils pas dé-posés par la forme ailée que nous avions appelée à tort mâle, et qui ne mûrirait que tardivement les corps oviformes d'où sortiraient les vrais mâles? Si cette hypothèse était exacte (et nous la fon-dons en partie sur ce qui se passe pour les deux formes de phyl loxera ailé que M Lichtenstein a vues en août et septembre der-

Malgré mon désir de glisser, dans ce Rapport, sur des détails trop techniques, je ne puis néanmoins passer sous silence un sujet dont on a fait trop de bruit et dont l'intérêt s'est bien vite renfermé dans les limites de la

niers sur les chênes-kermès), les deux formes d'insecte que nous avions cru être des mâles et des femelles ne seraient que les enveloppes vivantes et volantes de ces deux sexes nous les appellerions volontiers, l'une, *androphore* ; l'autre, *gynéphore*. Mais nous reconnaissons que ce n'est là qu'une hypothèse, et même une hypothèse contredite à quelques égards par ce que M. Balbiani dit avoir vu chez le phylloxera du chêne (au moins chez celui du nord de la France), savoir que les œufs petits d'où sortent les mâles et les œufs plus gros d'où sortent les femelles sont pondus par le même individu. Cela n'empêcherait pas, il est vrai, qu'à côté de cette sorte de *monoclinisme* (réunion des deux individus sexués dans le corps d'une même nourrice qui serait alors *androgynéphore*) il n'y eût aussi le *diclinisme* (double lit, c'est-à-dire nourrices séparées). Mais la chose veut être étudiée avec soin, pendant la prochaine campagne d'été, en même temps que les questions si difficiles et encore si incertaines de la migration des insectes ailés du phylloxera. Je n'ai pour ma part, sur ces questions, pris aucun parti entre M. Balbiani et mon collaborateur habituel, M. Lichtenstein. Des deux côtés, du reste, dans cette controverse scientifique, la courtoisie et la loyauté la plus parfaite n'ont cessé d'être dans les paroles et dans les actes : c'est ainsi que les choses doivent se passer entre savants faits pour s'estimer, ne cherchant que la vérité et sachant par expérience combien de piéges sont tendus, dans cette recherche, sur les pas des observateurs les plus sagaces.

L'expression de corps oviformes, dont je me suis servi pour désigner ce que M. Balbiani appelle des œufs, prouve que je ne suis pas fixé sur la vraie nature de ces corps. D'une part, en effet, l'autorité, si justement établie, de M. Balbiani, en matière d'embryogénie, fait hésiter à se séparer de lui sur un point de sa compétence . d'autre part, la logique et l'analogie semblent donner raison à M. Lichtenstein lorsqu'il appelle *pupe* (et non œuf) des corps d'ou sortent des insectes dont l'évolution est complète et qui sont adultes et nubiles en naissant.

4*

science pure : je veux parler du petit acarien, analogue à la mite ou ciron du fromage, et que nous avons désigné provisoirement, M. Riley et moi, sous le nom de *Tyroglyphus phylloxeræ*. Au moment où j'arrivais à Saint-Louis, Riley venait de découvrir le rôle de *cannibale* que cet infime animalcule joue vis-à-vis du phylloxera, dont il dévorait, ou plutôt vidait par succion, les individus à divers âges et les œufs. Il me fit voir clairement, sous la loupe, le cannibale acharné sur sa victime, l'enlaçant de ses robustes pattes et lui plongeant dans le corps son rostre conique, à la fois pince et suçoir. Bien que je ne pusse saisir le jeu même de ces mandibules aiguës et rapprochées en cône étroit, la couleur jaune que prenait, par transparence, le corps naturellement blanc laiteux du tyroglyphe, indiquait assez la part que le phylloxera avait eue dans ses repas ; d'ailleurs la diminution assez rapide des phylloxeras enfermés dans les mêmes boîtes que les tyroglyphes confirmait ces premières données sur les goûts insectivores de l'acarien. Cela admis, quelle espérance pouvait-on fonder sur un pareil auxiliaire ? Sa présence constatée en Amérique expliquerait-elle la moindre multiplication du phylloxera dans ce pays ? Dès lors, n'aurions nous pas intérêt à transporter l'acarien en Europe, pour faire, dans une certaine mesure, échec au terrible aphidien ? Pour les personnes étrangères aux procédés d'équilibre entre les êtres mangeants ou mangés, une telle espérance pouvait sembler chimérique ; pour les naturalistes, au contraire, la chose voulait, en tout cas, être soumise à l'expérience. J'importai donc les tyroglyphes mêlés à des phylloxeras. Je fis connaître en quelques mots, à l'Institut, l'intérêt éventuel de cette tentative d'acclimatation ; mais j'entourai cette communication d'assez de réserves pour ne pas faire d'un insuccès possible un échec pour mon amour-propre ou une déception pour le public. Voyons dans quelle mesure ces réserves ont été justifiées. Pour cela, naturellement, j'interromps ici l'ordre des lieux et des dates, et je me place, non à Saint Louis en septembre 1873, mais à Montpellier en 1874.

En m'affirmant à plusieurs reprises, avec une conviction absolue, les habitudes *cannibaliques* du *Tyroglyphus*, mon ami Riley avait eu à vaincre en moi une conviction contraire. Je me rappelais, en effet, avoir contesté jadis à un viticulteur et naturaliste très-intelligent, M. Eugène Raspail, l'exactitude d'une observation qu'il assurait avoir faite d'un acarien dévorant les phylloxeras. Mon objection venait d'une observation positive, qui m'avait montré le même acarien vivant et se multipliant tout l'hiver dans des flacons où je tenais des racines de vigne pourries, ne portant plus un seul puceron. Averti par l'observation de Riley, je craignis d'avoir été injuste pour M. E. Raspail, et je reconnus volontiers que les tyroglyphes pouvaient être polyphages, tantôt fouillant dans le corps juteux d'un phylloxera, tantôt, et plus souvent encore, vivant des sucs altérés ou des parties solides peu résistantes de matières végétales décomposées. Aujourd'hui, plus que jamais, je crois à ce régime mixte du tyroglyphe ; j'y crois d'autant plus que j'ai reconnu dans le *Tyroglyphus Phylloxeræ* d'Amérique exactement la même espèce que le Tyroglyphe de M. Eugène Raspail, c'est-à-dire un acarien [1]

---

[1] Bien que ni Riley, ni moi, n'ayons pu encore identifier exactement ce tyroglyphe avec quelqu'une des espèces décrites, je dois dire qu'il ressemble beaucoup au *Tyroglyphus mycophagus* Méguin (in Robin, *Journal de l'anatomie et de la physiologie*, année

que j'observe à la fois sur les racines de vigne en pleine terre (qu'elles aient ou non des phylloxeras) et que je fais naître à volonté dans les flacons où je tiens ces mêmes racines ou d'autres substances végétales.

La conclusion pratique de ce qui précède est que l'acarien en question, en lui supposant même une action assez marquée sur la diminution des phylloxeras, n'a joué, jusqu'à ce jour du moins, qu'un rôle insignifiant comme auxiliaire dans cette chasse à notre ennemi ; qu'il n'a empêché aucun désastre sur les vignobles d'Europe ; en un mot, qu'il est et demeure surtout un objet de curiosité scientifique[1].

1874, p. 235 et suiv., et pl. VII, VIII et IX). Cependant il suffit de comparer les belles figures de M. Mégnin avec celles que Riley a données du *Tyroglyphus Phylloxeræ* (in *Sixth annual Report*, etc., 1874, p. 82, et, pour la description, p. 81), pour voir que certains détails, notamment la diversité dans l'écartement de la première paire de pattes antérieures distinguent les deux espèces. D'ailleurs, le *Tyroglyphus mycophagus* est donné comme vivant exclusivement sur les champignons ; le nôtre vit surtout sur les racines de vigne, mais aussi sur d'autres substances végétales altérées.

[1] A ce dernier titre, il faut le dire, il nous a très-vivement intrigués et intéressés, M. Riley et moi, car il nous a fait assister à une de ces métamorphoses dont la nature varie comme à plaisir les combinaisons dans les infiniment petits. Parti de New-York le 4 octobre 1873, avec des provisions de tyroglyphes récemment reçus de Saint-Louis, enfermés dans de la terre avec des phylloxeras, quelle fut ma surprise, en voulant étudier ces acariens dix-huit jours après, à Paris, de n'en retrouver qu'un très-petit nombre, mais de voir à la place de très-petits acariens à corps tout d'une pièce (sans sillon transversal) et à bouche rudimentaire représentée par deux soies, au lieu du rostre compliqué des tyroglyphes ! Malgré la diversité de ces deux types, je me doutai néanmoins que le plus petit dérivait du plus grand et pouvait y revenir : c'était, en effet, un *Hypopus*, c'est-à-dire une forme décrite jadis par Dugès, comme genre à part, mais que les belles études de M. Mégnin, complétant et rectifiant des aperçus de Dujardin et de Clapa-

C'est également à ce titre, et comme terme de comparaison avec les *Phylloxera quercûs* et *vastatrix*, que Riley m'a fait étudier avec lui une curieuse espèce de phylloxera qui, durant l'été et l'automne, vit sous la feuille de quelques chênes américains (*Quercus alba* et *Quercus obtusiloba*) de la même façon que notre *Phylloxera quercûs* vit sous la feuille de nos chênes blancs; mais plus tard, par une singularité bien inattendue, Riley a vu la même espèce, à l'état aptère, passer l'hiver sur les rameaux des chênes, sans aucune protection, et y déposer au printemps les œufs qui sont le point de départ des générations d'été [1]. Mais il est temps de revenir

rède, ont montré n'être qu'un état particulier des tyroglyphes. Ces derniers, en effet, lorsque les conditions du milieu qu'ils habitent leur deviennent défavorables (par exemple, quand la sécheresse envahit la nourriture dont ils vivaient), tombent dans une sorte de léthargie, après avoir pris la forme dite de nymphe octopode, et sous leur peau durcie se forme par simple mue un *Hypopus*, lequel s'accroche à un insecte qui passe à sa portée et qui le transporte avec lui jusqu'à ce que ce faux parasite, trouvant ses conditions de vie ordinaire, se transforme de nouveau en tyroglyphe. On peut voir ces admirables transformations résumées par M. Mégnin, dans un Mémoire couronné par l'Institut, et intitulé : *Mémoire sur les Hypopes*, etc , in Robin, *Journal de l'anatomie et de la physiologie*. 1874, p. 226-234, tab. VII à X inclusivement.

[1] M. Signoret et M Lichtenstein (*Comptes rendus de l'Académie des sciences*) disent que cette espèce singulière, *Phylloxera Rileyi* de Lichtenstein, n'est pas autre que le curieux *Phylloxera corticalis* de Kaltenbach que M. Lichtenstein a découvert en septembre dernier, près de Montpellier, sur un pied unique de *Quercus pubescens*. Pour moi qui ai vu les *Phylloxera corticalis* et *Rileyi*, non pas simultanément, mais à un an de distance, je suis à peu près certain que l'étude comparative des deux montrera que ce sont deux espèces bien différentes Pour les caractères et pour ce qu'on sait des mœurs du *Phylloxera Rileyi*, consulter Riley, *Sixth Report on noxious and beneficial Insects*, 1874, p. 64, fig. 18 et 19, et p. 86.

à nos vignes, dont ces digressions entomologiques nous ont éloigné.

20 SEPTEMBRE 1873, *Webster,* près de Saint-Louis. — M. J.-J. Kelly, dont nous visitons le vignoble, est un Irlandais, homme simple et franc, qui nous reçoit dans sa cave et nous en fait cordialement déguster tous les produits[1]. Plusieurs fois primé dans les concours du Missouri, pour la bonne culture de ses vignes et la bonne qualité de ses vins, ce brave vigneron (c'est le titre qu'il se donne, non sans une pointe de fierté) est d'autant plus intrigué de voir que, malgré ses soins, un de ses carrés de vigne de *Catawba,* planté vers 1858, non-seulement n'a jamais été brillant, mais en est venu à un rabougrissement complet. M. Riley, seul, a pu lui indiquer la raison du fait, en lui montrant l'an dernier, sur cette vigne, des quantités de phylloxeras.

Actuellement il n'y a presque plus de ces insectes, les racines étant trop pourries pour leur offrir une pâture convenable : les radicelles ont disparu ; les sarments, rares et courts, ont leurs extrémités mal aoûtées ; la récolte a été nulle ou à peu près. Bref, c'est le pre-

---

[1] M. J.-J. Kelly ne s'est pas contenté de nous faire boire sur place du Concord de différentes récoltes, du Norton's Virginia, du Delaware, mais il m'a donné généreusement plusieurs bouteilles de ces vins, que j'ai fait déguster, en novembre dernier, à nos viticulteurs et négociants de Montpellier. Plus récemment, à l'occasion de notre Congrès viticole et séricicole de Montpellier, j'ai soumis à la dégustation des experts des vins du même producteur, dont il sera fait sans doute mention dans le rapport consacré à l'Exposition. Sans vouloir empiéter d'avance sur la compétence des juges et sans espérer vaincre chez une partie du public certains préjugés généraux sur le compte des vins d'Amérique, je puis dire que ces vins, les blancs surtout, sont bien supérieurs à nos vins courants du Midi.

mier exemple que je vois en Amérique d'un vignoble aussi maltraité que nos vignes phylloxérées du sud de la France.

Tout à côté de ce carré misérable se trouve un carré d'environ 33 ares, planté en *Norton's Virginia* d'environ dix ans. Deux étés de sécheresse consécutive n'ont pas empêché ces vignes de prospérer et de porter de belles récoltes. Les ceps en sont aujourd'hui magnifiques, et pourtant les nodosités pourries des radicelles y attestent le passage de nombreux phylloxeras, dont on ne retrouve plus que de rares représentants. Le contraste est aussi frappant que possible entre ces deux portions du même vignoble, cultivées avec un soin égal, dans un sol absolument identique (terre limoneuse, plutôt légère que forte, évidemment riche en humus). On ne peut guère douter que la diversité de résistance au phylloxera des cépages en présence ne soit l'explication la plus plausible de ce contraste dans leur état.

Le même vignoble comprend une assez grande étendue de *Concord*, d'une vigueur remarquable, à côté desquels quelques pieds de *Rulander* sont misérables ou mourants [1]. Quelques hybrides d'Arnold, greffés sur des *Hartfords prolific*, sont très-souffrants, à côté d'un *Cornucopia* hybride du même groupe franc de pied, qui est très-beau ; mais ces observations portent sur des sujets

---

[1] On n'est pas bien d'accord sur la vraie nature de ce cépage : les uns le regardant comme d'importation européenne : d'autres, comme M. Husmann, y voyant une des variétés du *Vitis æstivalis*. Je ne puis avoir d'opinion là-dessus, n'ayant plus la plante sous les yeux et ne l'ayant vue qu'en passant. Il ne faudrait pas même conclure de cette observation isolée que ce cépage est peu résistant au phylloxera, car MM. Bush le déclarent robuste, sain et ayant besoin seulement d'être défendu contre les froids par une couverture de paille, précaution que n'avait peut-être pas prise M Kelly.

trop restreints en nombre et dont les conditions de vie
sont trop peu connues, pour qu'on ait le droit d'en tirer
des conclusions absolues et d'en généraliser les resultats.

21 et 22 SEPTEMBRE. Domaine de M. G.-H. Gill, a
Kirkwood, près St-Louis. — Désirant étudier sur une
échelle un peu large la question de la greffe de nos cépages d'Europe sur les cépages d'Amérique, je saisis avec
empressement l'occasion que m'offrent, pour cette étude,
d'intéressants essais faits par M. Gill. Amateur de vignes
et de raisins de bouche plutôt que viticulteur en grand.
M. Gill a greffé, il y a quatre ans, sur des pieds assez
vigoureux de *Concord,* des sarments d'une collection
de vignes venue de Californie et comprenant presque
exclusivement des variétés d'origine européenne. Cette
greffe a été faite en fente, sous terre, par le procédé le
plus ordinaire. Les résultats en ont été très-variables,
comme on peut le voir dans le relevé détaillé que j'en
ai fait et que je transcris ci-dessous, comme note annexe [1]. Pris dans leur ensemble, ces résultats pourraient

[1] Notes prises à Kirkwood, près Saint-Louis-du-Missouri, domaine de M. Gill, sur les cépages greffes sur le Concord (ces cépages greffés sont tous de Californie ou d'Europe; les Iona, seuls,
sont d'Amérique.)

Les pieds sont énumérés à partir du coin sud-ouest de la plantation.

1re rangée : 3 pieds d'un cépage inconnu de Californie. 1 trés-
        chétif Phylloxera aux racines   .
—   4 Trosseau Passables Phylloxera et acarieus aux
        racines.
—   4 Ionas. Un peu souffrants, moins vigoureux que le
        Concord. Phylloxera aux racines. L'Iona est
        un cépage américain
2me rangée : 4 *Mission grapes* (dont deux appartiennent à une
        autre variété, c'est-à-dire sont mal nommés)

même sembler peu encourageants ; mais il faudrait se
garder sans doute d'en tirer cette conséquence que la

         1 beau, 1 médiocre. Phylloxeras et acarus aux
         racines.

— 3 *White Moscatello.* 2 assez chétifs, 1 presque mort.

– 4 Ionas. Un peu souffrants ; moins vigoureux que le
         Concord. Phylloxeras aux racines.

• rangée : 4 *White Tokay* (Tokay blanc). BEAUX. Jeunes pousses
         (sarments latéraux) de 0ᵐ,50 à 1ᵐ,50. Phyllo-

—   xeras et acarus aux racines.

— 3 *Black Cluster* (donné comme synonyme du Pineau
         de Bourgogne). 2 JOLIS. 1 chétif. Pousses jeu-
         nes sur tous. Phylloxeras aux racines.

— 4 Ionas. Même observation que pour les pieds d'Iona
         des 1ᵉʳ et 2ᵐᵉ rangs.

••• rangée : 3 *White Malvasia.* 1 médiocre. 1 mort. Phylloxeras
         aux racines.

— 4 Zinfindal. 3 assez beaux 1 misérable. Phyllo-
         xeras aux racines

— 4 Ionas. Très-chétifs.

5ᵐᵉ rangée : 4 *Black Moscatello.* 1ᵉʳ et 4ᵐᵉ morts. Les deux autres
         aussi beaux que les *White Tokay* signalés ci-
         dessus. Phylloxeras et acarus.

— 4 *Black-Hamburg.* 2 morts et 2 misérables. Beau-
         coup de phylloxeras aux racines

— 3 Ionas Passables.

6ᵐᵉ rangée 6 BLAC-MAKEO (pour Macabeo ?) 4 beaux. 2 morts
         (ceux-là près des arbres).

— 1 *Black-Hamburg.* Médiocre

— 2 Ionas. Passables.

— 2 *White Malaga.* 1 assez joli Phylloxeras et acarus.
         1 moins beau, mais pousses nouvelles sur les
         sarments.

7ᵐᵉ rangée · 11 *White Malaga.* 9 assez beaux. 2 misérables.

Tout le reste du vignoble, soit 55 ceps en cinq rangées, consiste
en *White Malaga,* dont les trois quarts à peu près sont assez beaux
ou beaux, le quart à peu près misérables Plus exactement,

        30 beaux, — 12 médiocres, — 13 misérables.

Cette petite vigne fut plantée il y a quatre ans environ. A la

greffe de nos vignes d'Europe sur les vignes américaines résistantes est impuissante à garantir les premières de l'action destructive du phylloxera. Avant d'en déduire cette conclusion, il faudrait s'être assuré, ce que je n'ai malheureusement pu faire, de l'état où se trouvent respectivement les racines du sujet américain et celles de la greffe européenne. Si le sujet est mort, par exemple, et que la greffe se soit affranchie de bonne heure, celle-ci n'a pu naturellement profiter de la vigueur de celui-là. Ce n'est donc pas sur quelques greffes, peut-être imparfaites, que cette question importante veut être jugée : c'est sur l'expérience directe telle que nos viticulteurs d'Europe sauront la faire, en variant les méthodes de greffe

place de quelques pieds morts, on avait mis des hybrides de Rogers (ce sont peut-être ces *Roger's hybrids* qui occupaient les places des vignes indiquées ci-dessus comme mortes.)

A l'égard du cépage *White Malaga* ou Malaga blanc, je dois faire observer qu'il n'est pas du tout sûr que ce soit, comme semblerait l'indiquer son nom, une variété européenne. M. Gill croit bien se souvenir qu'il l'a reçu jadis d'un consul américain à Malaga ; mais il déclare en même temps que M. Husmann, grand connaisseur en fait de vignes a identifié celle-là avec le Rebecca, que l'on regarde généralement comme un cépage américain du groupe des *Labrusca.* Autant qu'on peut en juger par les feuilles (les fruits m'étant inconnus), le *White Malaga* de M. Gill est, en effet, le Rebecca de l'herbier Engelmann et de diverses collections. MM. Bush (*Illustrated Catalogue,* p. 41) donnent le Rebecca pour une variété délicate, faible de végétation, peu fertile et très-*sensible au froid.* Il n'est donc pas facile, en ce qui le concerne, de distinguer nettement les effets possibles du froid de ceux du phylloxera. Pour la figure du Rebecca, voir Downing, *the Fruits and fruit Trees of America,* 1869, p. 553.

Parmi les greffes de M Gill qui ont bien réussi sur le Concord citons encore un pied de *Smyrner grape* et un pied de Delaware. Ce dernier, comme on sait, est délicat vis-à-vis du phylloxera, bien qu'il soit américain.

comme aussi les combinaisons diverses des greffons et des sujets [1].

M. Gill dit avoir planté jadis de bouture diverses variétés de vignes d'Europe et les a vues toutes décliner et périr en peu d'années. Cette observation vient à l'appui de centaines d'autres du même genre.

Quant aux cépages américains qui, dans le jardin de M. Gill, présentent une vigueur exceptionnelle, je puis citer, avec les *Concords*, dix pieds d'*Herbemont* de sept a huit ans et trois autres non moins beaux, venus à la place où deux *Black Hamburg* (plants d'Europe) avaient péri. Mentionnons également le *Dracut Amber*, du groupe des *Labrusca*. Cultivé en espalier, de même que le *Concord*, ce cépage couvre de ses rameaux denses 8 à 10 mètres carrés de surface, et pourtant les nodosités de leurs radicelles nous fournissent, pour l'étude, des centaines de phylloxeras ailés, sans parler des individus aptères, qui sont toujours les plus nombreux.

Un pied de *Taylor*, cultivé en espalier treillissé contre la glacière de M. Gill, est aussi luxuriant que possible ; ses tiges s'élèvent à 6 mètres de hauteur, et pourtant ses radicelles sont farcies de nodosités, portant beaucoup de nymphes de phylloxera, peu d'individus aptères et peu d'œufs. Les insectes occupent à peu près exclusivement le chevelu même des racines : sur les radicelles

[1] A l'égard de la greffe des cépages américains ou européens sur vignes américaines, voici ce qu'écrit Riley (*Fifth annual Report*, etc., p 66): « M. de Wyl a des pieds de Salem, de Gœthe, de Rogers n° 12, greffés sous terre sur des racines de Taylor, et, quoique on trouve sur ces plants quelques galles phylloxériques, ces greffes sont en bon état. En greffant sur des racines de Concord des vignes hongroises, telles que le Tokay, le Furmint, le Segety (*sic*), et les protégeant durant l'hiver, il arrive à les faire prosperer et porter fruit. »

tant soit peu grosses (comme une plume d'oie et même
au-dessous), on n'en rencontre que de loin en loin;
beaucoup de fibrilles nouvelles poussent sans cesse pour
remplacer les fibrilles de chevelu que les piqûres de
l'insecte ont fait pourrir. Les nodosités elles-mêmes,
au lieu de se détruire en entier, poussent de leur axe li-
gneux des productions radiculaires nouvelles. C'est par
ce fait probablement, et par le petit nombre relatif
de phylloxera, que s'explique la vigueur persistante de
ces vignes et leur résistance à l'action du parasite qui les
suce .

Si l'État de Missouri, pris en général, est un des grands
centres vinicoles de l'Amérique, Saint-Louis en particulier
en est un centre très-important de consommation et de
commerce des vins. Les colons français de la Louisiane et
du Canada sont restés fidèles aux vins de France ; mais
les Allemands, si nombreux dans l'Ouest, font peu à pen
pénétrer le goût des vins du pays dans les populations

[1] J'extrais encore de mes notes les détails suivants sur les vignes
de M. Gill. — 23 septembre. Partie du vignoble autre que celle des
greffes : 1re et 2e rangée: pas d'observation. — 3e rangée: 2 Ionas
assez jolis. — 4e rangée: 4 *White Malaga* (probablement Rebecca),
vigueur médiocre. — 5e rangée : des *Black Hamburg* qu'on y avait
plantés sont morts. 10 Herbemont *magnifiques !* Croissance luxuriante : peu d'insectes aux racines, radicelles abondantes, peu de
nodosités 1 Delaware passable.— 6e rangée: 1 Concord beau, 5 Clintons beaux. Il y avait 2 chasselas blancs qui sont morts ; on les
a remplacés par deux *White Malaga* bien misérables (nodosités,
quelques pucerons sur le corps même des radicelles assez grosses,
beaucoup de racines pourries) — 7e rangée : 2 *Northern Muscadine*
(du groupe des *Labrusca*). 3 Herbemont très-beaux à la place de
Black Hamburg morts. 2 Ionas assez souffrants.—8e rangée: 2 Ionas
à végétation médiocre. 13 Delawares assez vigoureux — 9e rangée :
2 Ionas médiocres (cette variété pospère beaucoup moins que le

yankees elles-mêmes, vouées à l'abus de l'eau glacée ou
des liqueurs alcooliques : révolution heureuse et trop
lente, à laquelle le haut prix des vins oppose de sérieux
obstacles. J'ai donc bu du vin à Saint-Louis ; j'en ai bu à
table, grâce à mes amis MM. Riley et Engelmann ; j'en
ai dégusté avec intention, soit chez les grands négociants,
soit sur le comptoir, où, suivant l'usage américain, le vin
se débite au petit verre, à côté de la bière ou des liqueurs
de tout genre. Le résumé de ces impressions, toutes personnelles, c'est que les vins d'Amérique, en dehors de
ceux qui sont mal faits, ou chez lesquels le goût fram-
broisé s'accuse trop fortement, ou que l'addition d'alcool
accommode trop au goût anglo-américain, ne méritent
pas la mauvaise renommée que l'Europe leur a faite, sur
la foi de vieux préjugés transmis et conservés par l'ignorance. Sans vouloir juger moi-même sur des échantillons,
peut-être imparfaits, les vins de Californie, qui sont tous
faits avec des cépages d'Europe, je puis dire que ceux
que j'ai goûtés à Saint-Louis sont inférieurs aux vins

Concord). 2 Herbemonts *magnifiques !* 2 Rebeccas, contrastant par
leur état misérable avec leurs vigoureux voisins. 5 Creveling très-
beaux 1 *White Malaga*, greffé sur Isabella, peu vigoureux 1 Isabella mort. 3 variétés indéterminées. 1 Concord *magnifique.*—10° rangée 1 Maxatawney souffrant.'1 Delaware très-beau. 1 Taylor beau.
Plusieurs *Hartford's prolific* (groupe des *Labrusca*) très-beaux, malgré des nodosités abondantes et des phylloxeras sur leurs radicelles. 1 *Withe Malaga*, végétation médiocre. 2 Ionas souffrants
11 Catawba : quelques-uns des survivants sont assez beaux, la plupart sont morts ou ont été greffés en autres variétés dont je n'ai
pas pris note : nodosités, phylloxeras aux racines. 1 Rulander, belle
végétation. 2 *Withe Malaga* misérables. 1 *Withe Malaga* un peu
moins souffrant. 1 Concord *magnifique.* — 11° rangée : 3 *Withe Malaga:* végétation faible, mais meilleure que sur d'autres points. On
suppose que les pieds sont greffés sur quelque autre variété.
4 Taylors très-beaux.

analogues faits avec des cépages indigènes. Ce que je
dis de ce sujet en passant n'est que pour combattre dans
ce qu'il a d'excessif le préjugé qui repousse comme
impotable tout vin des États-Unis ; mais il n'entre pas
dans ma pensée de conseiller la substitution des cépages
d'Amérique à ceux qui font la richesse et la gloire de la
France et des autres régions vinicoles de l'Europe. Ici
la greffe interviendrait forcément pour conserver la valeur du cru producteur, et le plant robuste d'Amérique
ne servirait que de sujet nourricier [1].

Un des grands négociants en vins de Saint-Louis,
M. Isidor Bush (et fils), est en même temps possesseur d'une

[1] Notes de dégustation : Bu chez M. Murtfeldt, à Kirkwood, les
vins suivants donnés à Riley : 1° *Norton's Virginia*. Vin rouge, assez
corsé, rappelant par le bouquet le Bourgogne de qualité secon-
daire. Inférieur au même vin que j'avais bu chez M. Kelly, agréable pourtant. Bouquet spécial, différant totalement du goût *foxy*
(de cassis). Vin réputé comme hygiénique, *medicinal wine*, en prenant l'épithète dans un autre sens que le français « médecine. »
2° *Sparkling Catawba*, provenant des vignes de Kelley Island, lac
Érié. C'est le champagne américain. Peu ou pas de mousse, couleur fortement ambrée : goût agréable 3°. Riessling de MM. X ...
C'est un vin blanc, censé provenir de la Californie et très-commu-
nément bu dans l'Ouest : sec, très-acide ; ni moelleux, ni bouquet :
médiocre. 4° Angelica. Encore un vin donné comme de Californie.
C'est un vrai sirop dilué, dont les dames se délectent. Pas de
vinosité ; ni force, ni bouquet : très-inférieur. — Bu à table chez le
docteur Engelmann : 1° du Catawba sec. Assez bon : pas de goût
foxy; un peu acide à la manière des vins du Rhin. 2° *Sparkling Catawba* (du lac Érié). Très-joli comme couleur, presque blanc,
peine opalin, brillant; presque pas de mousse, assez bon; seulement,
l'impression est plutôt celle des blanquettes ou du Saint-Péray
que des vrais champagnes. Pas de goût *foxy*, mais bouquet spécial
délicat. — Bu chez M X..., négociant . 1° du Clinton. Vin rouge,
assez ordinaire. Goût *foxy* peu accusé. 2° Taylor. Vin blanc sec,
agréable, bouquet délicat, un peu d'amertume.

pépinière de vignes qui se place au premier rang par l'étendue de ses cultures, et surtout par le soin tout scientifique avec lequel les nombreuses variétés de vignes américaines y sont classées et étiquetées. C'est ce dont témoignent, et le remarquable catalogue illustré publié par cette maison, et les envois de cépages faits à M. Jules Leenhardt dès 1872, et plus tard à d'autres propriétaires de Montpellier. Le mauvais temps ne m'a pas permis de visiter cette pépinière de Bushberg, située à plusieurs heures de Saint-Louis ; mais l'étude détaillée qu'en a faite Riley et les propres observations de M. Bush me permettront d'introduire dans la partie complémentaire de ce Rapport des remarques sur la résistance relative que telle ou telle variété oppose à l'action du phylloxera. Le sens pratique de M. Bush, doublé de la science de Riley, présente à cet égard les plus sérieuses garanties d'exactitude et de saine interprétation des faits.

26-27 SEPTEMBRE. De *Saint-Louis* à *Sandusky* (Ohio) par Chicago. — Voyage rapide, qui ne me laisse, à mon grand regret, qu'une vue à vol d'oiseau de cet immense et curieux pays de l'Ouest. Me voici sur le bord méridional du lac Erié, dans une de ces villes nées d'hier et qui poussent et s'étendent avec une hâte fébrile. La vue de nombreux tonneaux indique la part qu'a la vigne dans cette activité commerciale. Sandusky est, en effet, le petit port où se déversent les riches produits de la culture de la vigne sur les îles du lac Erié.

Ce bord méridional du lac lui-même, surtout entre Sandusky et Cleveland, comprend des vignobles assez étendus ; mais, d'après le témoignage de M. Keech, président de la Société d'agriculture de Sandusky, la culture de la vigne décline dans la région, parce que, dit-il, le *sol ne convient pas* à cet arbuste. La vraie raison, mais la raison cachée de cet échec, c'est l'action latente du phylloxera ; le dépérissement atteint surtout le *Catawba,* le *Delaware,* c'est-à-dire les cépages que nous avons vus partout, que nous allons voir encore se montrer le plus sensibles à cette attaque souterraine. Des vignobles entiers de *Delaware* disparaissent ainsi, pour faire place à d'autres cultures; tandis que le *Concord,* plus robuste, prospère dans le pays.

Sandusky, du reste, n'est pour moi qu'un lieu de halte; mon vrai but, c'est l'île Kelley, où me transporte en une heure l'élégant petit steamer *la Gazelle.* L'Érié, comme les autres grands lacs d'Amérique, a tout à fait les allures d'une mer intérieure ; de l'île Kelley surtout, quand le regard embrasse les lointains contours des côtes basses et sinueuses, on oublie que cette belle nappe liquide couvre le fond d'anciens glaciers et recueille les eaux douces d'un vaste bassin continental. L'effet de ces grandes étendues d'eau est d'adoucir les hivers de cette région, comprise à peu près entre le 41e et le 42e degré de latitude, et dont le climat est plus favorable à la maturation des vins que celui de Cincinnati, situé près de deux degrés plus au sud. Néanmoins la culture de la vigne n'est pas très-ancienne à l'île Kelley : elle y date à peine de 1833, époque où deux frères Kelley firent l'acquisition de l'île entière, jusque-là connue sous le nom d'île *Cunningham.* Le fils et le gendre d'un de ces premiers acquéreurs, M. Adelison Kelley et M. Charles Carpenter, ont largement développé cette culture. Bien que le domaine soit aujourd'hui distribué entre de nombreux colons, les héritiers des premiers Kelley sont restés de grands propriétaires de vignes ;

c'est à l'aimable accueil de l'un et de l'autre que je dois d'avoir pu faire en peu de temps une foule d'observations sur l'objet de mon étude.

Rien de plus facile, du reste, que de prendre un coup d'œil d'ensemble de l'île en question. Une jolie route circulaire permet d'en faire le tour en moins de deux heures : une autre route carrossable la coupe par le milieu. Sauf quelques bouquets de bois occupant la surface pierreuse d'anciennes moraines glaciaires, tout le reste est comme un jardin, où les pampres de la vigne, courant en longues lignes parallèles, alternent avec les pommiers et d'autres arbres fruitiers, rappelant les vergers des fermes normandes.

Le cépage qui forme encore le fond de la culture de l'île est le *Catawba*, le plus estimé de tous les raisins du groupe des *Labrusca*. Avant 1848, M. Kelley père n'avait encore qu'un seul pied de cette variété. A cette date, M. Charles Carpenter en planta toute une vigne, la plus ancienne, assure-t-il, de toute la région septentrionale de l'Ohio. Cette vigne existe encore ; il y a douze ans, elle donna par acre (de 40 ares 4) 11,500 livres de raisins. Elle a bien fructifié l'an dernier, et presque pas l'année actuelle (1873). Quelques-uns des ceps en sont beaux, la plupart passables, d'autres évidemment souffrants. En général, on se plaint que ce cépage décline dans le pays. Sans doute sa ruine n'est pas complète, j'ai vu même sur un point de belles récoltes encore sur pied ; mais la diminution graduelle dans la vigueur et dans la fertilité des ceps est un fait trop général pour ne pas avoir une cause générale aussi.

Ni les variations du climat, ni l'épuisement du sol, causes vagues trop souvent invoquées pour cacher l'ignorance des causes réelles, ne trouvent ici leur application.

La terre est relativement neuve pour la vigne; le climat
n'a pas changé.

D'autres cépages d'ailleurs, le *Concord,* le *Clinton,* le
Norton's Virginia, prospèrent là où le *Catawba* et le *Delaware* souffrent. Quel est donc l'auteur du mal dont
sont affectés ces derniers plants ? Nous croyons ferme-
ment, avec Riley, que c'est le phylloxera. Sur quelle
base s'établit cette croyance, c'est ce qu'une étude de
détail va peut-être nous apprendre.

A peine débarqué dans l'île, le 27 septembre au soir,
je profite de quelques heures de jour pour jeter un premier coup d'œil sur le vignoble de M. Adelison Kelley.
Or le premier fait qui saisit mon attention, c'est le contraste entre un carré de *Concords* luxuriants et un autre
carré de *Delawares* d'environ 10 ares d'étendue. A voir
ces derniers plants si rabougris, si chétifs, dont les sarments sont si courts qu'on n'a pas même songé à leur
donner des échalas pour appui, on ne croirait guère que
cette vigne a cinq ans. L'aspect général du carré est
juste celui de nos vignobles du Midi, au dernier degré
de la maladie phylloxérique. J'ai presque la triste illusion d'être dans une vigne de Vaucluse. Pour compléter
la ressemblance, les racines anciennes, déjà pourries, ne
portent plus de phylloxeras, et les radicelles de nouvelle
formation n'en présentent encore que de très-rares individus. Ici, comme chez nous, l'excès même du mal a
fait luire un espoir de guérison, en ce sens que les phylloxeras, désertant les vignes trop épuisées, sont allés sur
les *Concords* d'à côté chercher une nourriture succulente.
On les y trouve, en effet, en assez grand nombre, sur les
nodosités radicellaires.

Tout à côté de la vigne à demi détruite des *Delawares,*

quelques pieds de *Catawba* présentent tous les signes de la souffrance. Tout autour, au contraire, de longues rangées de *Clintons*, des pieds d'*Herbemont,* de *Norton's Virginia,* bien que farcis de galles phylloxériques, au point que les sommités des pousses en sont toutes rousses ; ces plants, dis-je, aussi bien que les *Concords,* présentent les caractères d'une admirable vigueur [1].

Mais, dira-t-on, si le phylloxera est en cause, pourquoi n'a-t-il pas depuis longtemps détruit les cépages américains sensibles à ses attaques? D'abord, répondrons-nous, parce que, bien que délicats, ces cépages le sont beaucoup moins que ceux d'Europe ; ensuite, parce que, pour beaucoup d'entre eux, l'invasion ne remonte peut-être pas bien.loin en arrière. La date certaine de ces invasions ne saurait être rétrospectivement fixée ; quelques indices pourtant permettent à cet égard, pour

[1] Pour ne pas encombrer cet exposé de trop de détails, je relègue dans une note des faits analogues constatés tout près de là, dans le vignoble de M. Rush ·

Delaware : très-souffrants, nodosités et galles.

Clinton : galles très-abondantes, peu de nodosités aux racines. Végétation tres-vigoureuse.

Concord: superbe ! Des nodosités sur quelques radicelles, les autres saines.

Catawba : tous plus ou moins souffrants. Peu de fruits , la plupart n'en ont pas du tout. (Le propriétaire dit que le bois a souffert des *froids* (?) de l'hiver dernier, et qu il a fallu en rabattre beaucoup a la taille : mais nous savons combien il est facile à quelqu'un qui n'a jamais connu le phylloxera d'attribuer au froid ce qui serait le fait de l'insecte.)

Il y a trois ans, la récolte fut belle; l'an dernier, mauvaise; cette année, très-mauvaise. Feuillage jauni : nombreuses nodosités sur les radicelles.

Entre les *Catawbas* avec leur feuillage jaune et en partie tombé et les *Concords* à feuilles d'un vert intense, le contraste est des plus frappants.

les cas particuliers, des approximations assez plausibles. Il y a quinze ans, par exemple, M. Charles Carpenter, observateur très-attentif, vit *pour la première fois,* dans son domaine, des *nodosités* (évidemment phylloxériques) sur les radicelles des *Delawares* et d'autres variétés de vignes. Ces *Delawares* périrent en deux ou trois ans.

Autre observation analogue recueillie la bouche de M. Adelison Kelley. Quand il exploitait lui-même ses vignes, il y a dix ans environ, il remarquait sur les radicelles superficielles que la charrue mettait à nu des masses de nodosités qui lui paraissaient anormales, morbides même, et qu'il prenait la peine de faire ramasser et brûler. Plus tard, il prit un fermier qui négligea cette précaution : il la néglige lui-même aujourd'hui et attribue à ce laisser-aller l'aggravation du mal dont souffrent ses *Catawbas.* Quoi qu'il en soit de cette dernière idée, nous n'empruntons à l'observation que la date approximative de l'invasion phylloxérique dans ce domaine de M. Kelley.

Moins étendu que celui de M. Kelley, le vignoble de M. Ch. Carpenter m'offre un intérêt tout spécial, parce que le propriétaire, très-connu comme viticulteur instruit, comme obtenteur de variétés nouvelles de vigne, cultive à côté de ses carrés de production pour le vin des cépages de collection. Je vois là, non-seulement des faits analogues à ceux que j'ai notés ailleurs, mais un fait inattendu, savoir : la résistance relative d'un cépage européen, seul survivant de vingt variétés allemandes plantées il y a plusieurs années dans le même clos. Ce cépage est étiqueté *Traminer,* et serait, si le nom est juste, une des variétés cultivées sur les bords du Rhin. Bien qu'il ne soit pas en état brillant, le *Traminer* en question a pourtant des sarments de plus d'un mètre, et sa persistance, après la mort de dix-neuf variétés européennes, est d'autant plus remarquable, que le même fait s'est présenté dans un vignoble de l'île, chez M. J. Rush. Feu Thomas Rush, père du propriétaire actuel, planta, en 1860, huit cents pieds de vigne, comprenant dix-sept variétés, toutes venues de Neustadt-au-der-Haardt, en Bavière. Ces vignes poussèrent assez bien pendant trois ans, puis elles déclinèrent rapidement et furent successivement remplacées par des cépages indigènes. Aujourd'hui les seuls pieds qui subsistent de tout ce lot de vignes d'Europe sont deux ou trois *Traminer*; encore sont-ils misérables, avec des sarments très-courts et des radicelles à moitié détruites par le phylloxera.

Cet exemple de la persistance prolongée, mais imparfaite, d'un cépage européen sur le sol de l'Amérique est, on peut le dire, une exception. La règle, au contraire, c'est la disparition à peu près fatale de nos vignes aux États-Unis, du moins à l'est des monts Rocheux, c'est-a-dire dans la région hantée, de temps immémorial, par leur mortel ennemi le phylloxera. Ici les preuves abondent; notre embarras sera de faire un choix dans le nombre et de ne citer que les plus saillantes [1].

[1] J'insère cette digression dans une note, afin de ne pas trop interrompre le cours de mon exposé.

« Les premiers essais de culture de la vigne aux États-Unis furent bornés aux variétés d'Europe. La Compagnie de Londres planta des vignes en Virginie avant l'année 1620, et avec de telles perspectives de succès que l'on fit venir plusieurs vignerons de France, en l'an 1630. Plusieurs tentatives dans le même sens furent faites par Penn et par les colons français, suisses et allemands, mais, comme on ne s'attachait qu'aux variétés étrangères, *ces efforts n'aboutirent qu'à des déceptions.* » (Strong, *Culture of the grape,* p. 21-22.)

Vers la fin du dernier siècle, un vigneron lorrain, nommé Pierre Legaud, fit des efforts répétés et vains pour cultiver près de Phi-

Ce même plant européen, dit *Traminer*, sert de sujet nourricier, dans le jardin de M. Carpenter, à quelques cépages d'Amérique, notamment à l'*Eumelan* et au *Rebecca*. La greffe d'*Eumelan* est assez robuste, bien qu'il y ait des nodosités anciennes sur les racines du sujet (ou de la greffe?). Sur les six greffes de *Rebecca*, une

ladelphie des cépages de France, d'Espagne et de Portugal *. Deux insuccès analogues sont restés célèbres, celui de nos compatriotes du Champ d'Asile et celui de Lakanal Chassés du Texas, où ils s'étaient d'abord établis, les premiers, vieux soldats de l'Empire, essayèrent vainement de cultiver la vigne d'Europe, dans le district de Marengo (Alabama), où ils avaient fondé une colonie agricole. Quant au célèbre conventionnel, dont le nom reste glorieusement attaché à la fondation du Muséum et de l'Institut, il a fait connaître lui-même, dans une note des *Comptes rendus de l'Académie des Sciences* (tom II, ann 1846, p 471 et 472) ses essais malheureux dans le Kentucky, le Tennessee, l'Ohio et l'Alabama.

Écoutons, sur ce même sujet, feu Longworth, le vrai fondateur de la culture en grand de la vigne en Amérique :

« Pendant trente ans, j'ai essayé la culture des vignes étrangères, soit pour la table, soit pour le vin. Je ne crois pas à l'acclimatation des plantes : car le *White sweet Water* (Chasselas royal) réussit moins bien chez moi aujourd'hui qu'il ne faisait il y a trente ans Il y a longues années, j'obtins de M. Loubat des pieds de vignes françaises très-variées, venant des environs de Paris et de Bordeaux. De Madère, j'obtins 6 000 pieds des meilleures variétés Pas un ne se trouva digne d'être cultivé sous cette latitude (à Cincinnati) et je dus les arracher Comme dernière expérience, j'introduisis 7,000 vignes du Jura, du voisinage de Salins, en France C'est le point où s'arrête la région de la vigne (en altitude), et beaucoup de ces ceps étaient cultivés sur le côté nord de la montagne, où le sol est couvert pendant tout l'hiver de trois ou quatre pieds de neige. Presque tous vécurent, et, dans le nombre, au moins vingt variétés des plus célèbres vignes à vin de France. *Mais, après un*

* Voir abbé Rozier. *Cours complet d'agric.*, an IX (1801). Paris, tom. X, p 382

seule est misérable, une autre passable et quatre assez jolies [1].

Un autre fait m'a frappé dans le jardin de M. Carpenter : c'est l'aspect souffreteux d'un pied de *Concord*. La chose est tellement insolite pour une variété si robuste, que j'en exprime mon étonnement. Information prise, il se trouve que ce pied a été planté sur la place même occupée longtemps par un autre cep; or, d'après l'expérience que M. Carpenter a souvent faite, cette plan-

essai de cinq ans, tous les ceps ont été rejetés.» Longworth, cité dans Buchauan, *the Culture of the grape*, p 25

Dans un article du *Gardener's Monthly*, de M. Meehan (de Philadelphie), on lit ce qui suit : « M. Schmidt, grand propriétaire de vignes à Avalon (Maryland), a fait nombre de fois l'essai des variétés de raisins étrangers, y compris quelques-uns du Rhin et d'autres des environs de Bordeaux; mais il les trouve incapables de résister à nos hivers, tous mourant presque rez du sol et n'ayant, par conséquent, aucun titre à l'attention des vignerons américains » (Ici l'auteur se trompe évidemment en faisant intervenir le froid, puisque la vigne résiste, en Europe et dans les Etats du nord de l'Amérique, à des froids bien plus intenses que ceux du Maryland)

Je n'en finirais pas si je voulais énumérer tous les exemples du même genre empruntés, à des époques différentes, à des localités diverses, les plus chaudes comme les plus froides. Sur ce point, il n'y a qu'une voix en Amérique pour déclarer l'impossibilité d'une soi-disant *acclimatation* de nos cépages; seulement, on se trompe presque toujours dans l'interprétation des faits, en attribuant au climat et au sol des insuccès que Riley, le premier, a su rapporter à leur véritable cause : le phylloxera.

[1] Un pied de vigne de cette même collection, absolument identique par les feuilles avec le *Tramıner*, présente les caractères suivants : sarments à entre nœuds assez courts, ceux du vieux bois rose violacé, avec une fleur glauque ; feuilles assez petites, arrondies, à lobes peu profonds, à peu près glabres des deux côtés ; grappes petites, grains serrés, moyens, ronds, avec une fleur glauque, fondants, doux, non musqués, peu acides.

tation immédiate de vigne sur vigne, sans la précaution de rendre au sol en engrais appropriés les substances dont il est épuisé, cette superfétation se fait toujours au détriment du plant venu le dernier. Il en est de même en Europe ; et j'en tirerais volontiers la conséquence qu'il ne faudrait pas, autant que possible, vouloir planter tout de suite des vignes américaines sur un sol où la vigne d'Europe viendrait de mourir.

La collection Carpenter, assez riche en variétés rares, me fournit encore des notes intéressantes ; mais je rejette ces notes au second plan, comme simples détails à consulter [1].

Le petit groupe d'îles du lac Érié, dont l'île Kelley n'est que la principale (Middle-Bass, Put in-Bay, viennent après comme importance), cet archipel en miniature,

---

[1] Dans le jardin, près de la maison, pied de *Delaware* magnifique, chargé de fruits ; vieilles nodosités phylloxériques sur les radicelles; fibrilles radicellaires nouvelles saines. Fait exceptionnel : le *Delaware* cultivé en grand dépérit dans le vignoble de M Carpenter.

Martha, un pied très souffrant : nodosités aux racines, mais, comme ce pied a été planté à la place d'un autre cep, il se pourrait que l'épuisement du sol fût pour beaucoup dans sa maigreur.

Catawba, pied souffrant : M Carpenter attribue cette souffrance au froid de l hiver précédent, qui aurait tué tout le bois mal aoûté ; mais le defaut d'aoûtage ne tenait-il pas *lui-même* à un état de souffrance de la plante ?

Alvey: plantes assez vigoureuses ; des nodosités aux racines, des galles sur les feuilles.

Mary-Ann (du groupe des *Labrusca*) : très-vigoureux. Semis de *Catawba*, 4 pieds, promettaient beaucoup, aujourd'hui morts !

Carpenter's Mottled, autre semis de *Catawba* obtenu par M. Carpenter : donne un très bon vin. Trois plants vigoureux M. Carpenter a vu des nodosités sur leurs racines.

Rogers, n° 19 Trois pieds misérables : ont beaucoup souffert, dit-on, des froids de l'hiver dernier, mais il faut se rappeler que tous les

est non-seulement le siége de grands vignobles, mais aussi le centre d'une grande fabrication de vins. L'île Kelley, bien que sa surface n'atteigne pas 1,200 hectares, compte, à elle seule, dix chais importants, pouvant contenir, les plus grands, près de 15,000 hectolitres : les plus petits, près de 1,900 hectolitres de vin. Celui de M. Rush, qui peut passer pour modeste, compte 72 foudres disposés en trois rangées : les plus grands, d'une capacité d'environ 83; les plus petits, d'environ 26, et l'ensemble, de 2,700 hectolitres. C'est bien peu de chose, sans doute, auprès des immenses celliers de notre midi de la France ; mais ces proportions s'agrandissent, et le matériel de fabrication prend un caractère de puissance mécanique peu ordinaire dans l'établissement de la *Kelley Island Wine Company*, que le directeur, M. Adelison Kelley, avec une bonne grâce parfaite, me fait visiter en détail.

hybrides entre les vignes d'Europe et les *Labrusca* d'Amérique resistent peu au phylloxera · ce que l'on attribue au froid pourrait bien avoir été le fait de cet insecte.

Salem (un des hybrides de *Rogers*.) Raisin à gros grains rougeâtres, n'ayant que très-peu le goût *foxy*. Croissance médiocre : beaucoup de nodosités sur les radicelles.

Cape : semble être du groupe des *Labrusca*, bien que peu *foxy*. Feuilles à duvet blanc un peu floconneux, moins serré que chez les *Catawbas*. Raisin noir à pulpe peu fondante, assez acide. Je n'en ai pas noté l'état de végétation.

Franklin : très-voisin du *Clinton*. Plante très-vigoureuse, criblée de galles phylloxériques.

Lydia : semis d'*Isabella*. Toute une rangée de pieds misérables, quelques-uns morts.

Iona : un seul exemplaire, très-chétif : nodosités aux radicelles. D'autres pieds, plantés à la place de ceps arrachés, sont misérables ou n'ont pas poussé.

Delaware tout un carré de vigne assez étendu en général souffrant, quelques pieds morts, d'autres très-affaiblis. Nodosités sur des radicelles pourries.

Le chais en question constitue un vaste bâtiment en pierres de taille, assez lourd d'aspect, et auquel les quatre tourelles placées à ses angles donnent un faux air féodal peu en harmonie avec sa destination. Toute la portion hors du sol forme une salle de 58 mètres de long sur 25 mètres de large : c'est là que se font le pressage et la cuvaison des raisins. Deux plafonds en bois divisent la pièce en trois étages. Au rez-de-chaussée sont six grands pressoirs. Les raisins arrivent de la campagne apportés par divers propriétaires : on les met dans une caisse roulant sur des rails, qui les amène sur une bascule ; on les pèse, on en paye le prix sur place, on les verse dans une cuve, d'où un élévateur à auges, mû par la vapeur, les prend et les transporte au deuxième étage, dans la trémie d'une machine à égrapper, qui écrase les raisins et, mettant de côté les rafles, n'en laisse passer que les grains et le jus. Ce jus, séparé du marc, est alors conduit par des tuyaux dans des cuves à fermentation placées sur le premier plafond ; le marc descend au rez-de-chaussée pour être soumis aux pressoirs. Ceux-ci sont commandés par une machine à vapeur de quinze chevaux, placée dans une pièce annexe ; mais on peut, à volonté, faire agir les pressoirs par la vapeur ou par une barre à main. Ces pressoirs traitent, chacun à la fois, trois tonnes de marc en six heures ; et telle est la rapidité de l'ensemble des opérations, que l'on peut en six minutes recevoir 2,070 livres de raisin, les écraser et en mettre le jus dans les cuves : vingt-quatre heures suffisent pour en traiter 72 tonnes. Dans le sous-sol sont disposés en deux étages de vastes celliers voûtés, enfermant assez de foudres pour contenir au besoin 14,230 hectolitres de vin, sans compter les milliers de bouteilles de *Catawba* mousseux qui, soumises au traitement de nos vins de Champagne, sont classées par interminables rangées, suivant leur âge ou leur période de fermentation.

Ce *Catawba* mousseux, ou *Sparkling Catawba*, si justement estimé comme champagne d'Amérique, n'est pourtant pas encore le vin dominant dans cette cave : une large proportion des raisins de *Catawba* est réservée pour ce qu'on appelle *Still Catawba* (*Catawba* tranquille ou non mousseux), lequel peut être sec ou sucré, suivant le mode de fermentation adopté. D'autres vins portent le nom des cépages qui en constituent la base; tels sont le *Concord*, l'*Ives seedling*, le *Delaware*, l'*Isabelle*, l'*Iona* [1].

[1] Comme exemples des prix des vins, voici le prix courant de ceux de la *Kelley Wine Company*, à la date de septembre 1873 :

En barriques

Catawba.....	récolte de 1867	1 dollar	50	le gallon *.
—	— 1870	1	25	—
—	— 1871	1	10	—
Concord.....	— 1871	0	90 cents.	—
Ives Seedling.	— 1871	1	»	—
Isabella......	— 1871	»	80 cents.	—
Oporto......	— 1871	1	»	—
Delaware....	— 1871	1	50	—
Iona........ ..	— 1871	1	75	—

Par caisses de 12 bouteilles

Catawba............................	6 dollars.
Concord........................... ..	4 d. 50 cents **
Isabella........................... ..	4 50
Oporto....................	3 00
Delaware........	6
Sparkling Catawba.........	
quarts...........	6
Sparkling Catawba, pints.......... . 14	

* A peu près 7 fr. 50 les 3 litres 78.

** Le dollar vaut environ 5 francs; le *cent*, environ 5 centimes de notre monnaie. Le gallon américain vaut 3 litres 78 centilitres

Au moment de mon passage à l'île Kelley (28 septembre), on pressait les raisins du *Concord ;* mais la vendange du *Catawba* ne devait se faire que vers le 15 octobre suivant. En vue de donner à ce raisin le plus de sucre possible, on le laisse profiter des derniers beaux jours d'automne, qui répondent à notre été de la Saint-Martin, et que les Américains vont savourer avec délices dans les États nord-est de l'Union, là où les teintes automnales des forêts, si brillantes dans toute l'Amérique, empruntent à l'abondance des érables, des sumacs, des vignes vierges, un éclat exceptionnel. Le charme de cet *indian summer* (été indien, comme on l'appelle dans le pays) allait doubler pour moi les beautés naturelles du Niagara, et faire de ma trop courte visite à ce site célèbre une source d'impressions charmantes et d'ineffaçables souvenirs.

30 SEPTEMBRE 1873. Aux *chutes du Niagara.* — Enfin cette journée m'appartient : j'échappe à l'obsession du phylloxera et des vignobles ; et, si je vois encore des vignes, c'est pour en admirer les guirlandes enlacées aux arbres et teintes des couleurs rouges et jaunissantes qui présagent leur chute prochaine. Égaré des heures entières dans les sentiers ombreux de *Goat island* (l'île de la Chèvre), d'où l'on peut varier ses points de vue sur les chutes et les rapides du fleuve, fuyant à dessein la vue des œuvres mesquines de l'homme qui gâtent ces scènes grandioses de la nature, je retrouve avec bonheur, dans ce fouillis d'arbustes et de fleurs, des types dont les traits m'étaient connus par des portraits ou des spécimens d'herbier, mais qui me séduisent, cette fois, par leurs allures spontanées.

La vigne dominante est le *Vitis riparia* de Michaux ; ses

feuilles, à lobes profonds et découpés en larges dents irrégulières, la distinguent, au moins comme forme, du *Vitis
cordifolia* du même auteur. Elle est, du reste, si variable
à l'égard des découpures comme de la dimension des
feuilles, que j'ai longtemps et vainement cherché à y distinguer au moins deux formes définies.

Ses grappes, à petits grains arrondis, tranchent par
leur couleur noir bleuâtre sur la teinte pâle des feuilles,
que rehausse un réseau de nervures rouges. Les galles
phylloxériques s'y trouvent en abondance, mais presque toutes déjà vides, c'est-à-dire délaissées par la dernière nichée de leurs habitants. A cette période tardive, ils ont probablement gagné les racines de la vigne,
pour y trouver un abri contre les froids intenses de
l'hiver. Malgré ces froids, du reste, qui tous les ans font
figer en énormes stalactites les bords des deux catarac-
tes, le *Vitis riparia* remonte bien plus haut que cette
latitude d'environ 43 degrés, c'est-à-dire un peu inférieure à celle de Montpellier. On la retrouve à 60 milles
au nord de Québec (d'après l'abbé Brunet, cité par le
Dr Engelmann), et c'est probablement cette espèce qui
fit donner le nom de Vinland aux parages de la Nouvelle-Angleterre où des Normands scandinaves furent
poussés, par hasard, vers l'an 1000 de notre ère.

Du reste, les vignes américaines perfectionnées par la
culture existent dans les parties méridionales du Canada,
notamment à Hamilton, à l'extrémité du lac Érié. On y
cultive, m'a-t-on dit, le *Concord,* le *Diana* et divers hybrides de *Rogers,* mais j'ignore avec quel succès et dans
quelles conditions.

C'est encore sous l'influence de l'adoucissement de
température produit par les lacs que se trouve, dans
l'État de New-York, dans le comté de Steuben, un centre

de culture assez important pour le *Catawba*. Le temps m'a manqué pour visiter cette région interessante, où se trouvent de grands celliers pour le *Catawba* mousseux, notamment celui de la *Plesaant Valley Wine Company*, dirigée M. D.-C. Champlin, avec l'aide d'un Français, M. Masson. Un autre Français, M. Guéret, de Reims, que j'ai vu quelques semaines avant, à Raleigh, et qui cultive, à Hammondsport, environ 6 hectares de vigne, m'assure que les *Catawbas*, les *Concords* et les *Ionas* de quatre à six ans de plantation ne sont pas malades ; que les *Delawares* mêmes, qui l'année d'avant avaient eu leurs feuilles rongées par une chenille, sont cette année redevenus beaux. L'*Isabella*, au contraire, qui mûrit mieux ses fruits dans cette région que dans d'autres, a dû être arraché l'an dernier en quantité, parce que *ses racines étaient pourries*. M. Guéret attribue cette pourriture des racines aux froids de l'hiver ; mais on peut se demander, encore ici, si le peu de résistance de cette variété au phylloxera n'est pas la cause réelle de son dépérissement graduel dans tout l'État de New-York.

D'après les renseignements bénévoles que je tiens de ce vigneron, le *Sparkling Catawba* fabriqué à Hammondsport se ferait avec un mélange de raisins de *Catawba*, d'*Iona* et d'*Isabella ;* l'*Iona* même serait supérieur au *Catawba* et ferait le meilleur vin : il aurait 2 ou 3 pour 100 d'alcool de plus que le *Delaware*. Les vins de *Catawba*, il y a trois ans, ont eu naturellement 12 degrés pour 100 d'alcool ; ils n'en avaient que 8 ou 10 pour 100 l'an dernier.

2 OCTOBRE. *Boston.* — Plus de vrais vignobles ; je rentre dans le tourbillon d'une grande ville, non sans avoir payé en route mon tribut à l'imprudence proverbiale des

Compagnies des chemins de fer d'Amérique : un déraille-
ment violent a brisé les quatre wagons en tête du train ;
heureusement qu'ils étaient vides ou à peu près. *All
right!* a crié le conducteur. Quelques contusions et six
heures de station à la belle étoile ! On bénit le Ciel d'en
être quitte à ce prix.

Boston a mille attraits pour le voyageur qui voudrait
voir dans son plus beau jour la société américaine.
Pour un oiseau de passage comme moi, Cambridge a
des attraits plus vifs encore. La vie universitaire y dort
à cause des vacances ; mais ces jardins, où les études
ont leurs palais sous de beaux ombrages, ne ressemblent
guère aux réduits poudreux où la France laisse trop
souvent s'entasser, faute d'espace, les plus riches collections scientifiques. Ici, le génie du lieu, c'est Agas-
siz, l'éminent naturaliste à qui l'Amérique prodigue les
honneurs et les ressources matérielles nécessaires à ses
vastes travaux. J'admirais en lui le savant, mais je me
l'étais figuré, bien à tort, un peu solennel ; c'est donc
avec le charme de la surprise que je trouve dans sa phy-
sionomie, empreinte de bonhomie et de finesse, et jusque
dans son accent, les signes persistants de sa nationa-
lité vaudoise. Hélas ! en l'entendant me parler avec tant
de sympathie de la France, j'étais loin de me douter que
bientôt cette voix serait muette et qu'il n'en resterait
plus qu'un souvenir.

Par une fatalité regrettable, le professeur Asa Gray,
le botaniste le plus connu d'Amérique, ne pourra rentrer
a Cambridge [1] que le lendemain du jour où j'en serai

[1] Le Jardin botanique de Cambridge a pour jardinier chef un Français, M. Louis Guérineau, ancien élève du Jardin des plantes de
Paris, et pour jardinier un autre Français, M. Pellet, ancien horticulteur dont le siége de Paris a détruit l'établissement. Ces deux

parti. Ainsi le veut, en ce qui me concerne, l'inflexibl
date du départ du paquebot transatlantique. Je visite.
néanmoins, et le jardin botanique, et l'herbier de l'Université, que m'ouvre libéralement M. le professeur Ly-
mann.

2 et 3 NOVEMBRE, *New-York.* — Ma mission est termi-
née : toutes mes idées sont tournées vers le départ. En
attendant, je trouve auprès d'un ami de Riley, le professeur G. Thurber, botaniste et publiciste agricole, l'accueil le plus aimable et les renseignements les plus utiles; une soirée passée chez un compatriote, M. Astié, me
donne un avant-goût de la France, où mon cœur est toujours resté.

Du 4 au 16 OCTOBRE. — Traversée de *New-York* à
Brest, sur le paquebot *la Ville-du-Havre.* Je crois encore
voir ce navire en rade de Brest, au moment où nos hur-
rahs saluaient et remerciaient le brave commandant
Surmont et son équipage, qui nous avaient si heureusement conduits au but malgré les avaries de l'hélice. Qui
nous aurait dit que, un mois plus tard, ce beau navire
sombrerait en plein Atlantique, nous laissant, au lieu
de riants souvenirs, l'impression d'un immense deuil et
d'irréparables malheurs ?
Mais trève à ces réflexions personnelles, et revenons
à nos études, pour en présenter, en résumé, les résultats
les plus généraux.

compatriotes m'ont reçu avec cordialité et m'ont aidé dans les
quelques fouilles que j'ai faites, et dont je transcris ici les résultats · *Concord* et *Hartford prolific :* beaux pieds en espalier,
très-vigoureux, bien qu'ayant le phylloxera aux racines. *Vitis æstivalis* et *Vitis cordifolia* cultivés dans le jardin : pas de phylloxera *Vitis Labrusca·* nodosités phylloxériques sur les radicelles

1° Le *Phylloxera* de la vigne, en Amérique, est de tout point identique, par ses caractères, avec le *Phylloxera vastatrix* qui ravage nos vignes d'Europe.

Répandu en Amérique depuis le Canada jusqu'à la Floride en latitude, et depuis l'Atlantique jusqu'aux monts Rocheux de l'est à l'ouest, il n'y prend pas d'habitude le même développement numérique qu'en Europe.

2° Si l'on a tardé si longtemps à observer aux États-Unis les ravages du phylloxera, c'est que, ne connaissant pas la forme à vie souterraine de cet insecte, on attribuait au froid, à des cryptogames (*Mildew, Rot*), le dépérissement de certains cépages américains et la mort à peu près fatale de la vigne européenne introduite aux États-Unis, à l'est des montagnes Rocheuses.

3° Les cépages américains, considérés dans leur relation avec le phylloxera, peuvent se diviser en trois groupes, savoir : les *indemnes*, ce sont toutes les variétés du *Vitis rotundifolia (Scuppernong, Mish,* etc.*)* ; les *résistants,* tels que les dérivés du type *æstivalis (Herbemont, Cunningham, Jacquez, Norton's Virginia,* etc.*)* ; quelques dérivés du *Vitis cordifolia* ou *riparia (Clinton)* ; quelques dérivés du type *Labrusca (Concord, Ives seedling,* etc.*)*, peut-être aussi les types *Mustang* et *Post Oak* ; les *non resistants,* tels que le *Delaware,* l'*Isabelle,* le *Catawba,* l'*Iona,* les hybrides de *Rogers,* etc. Les détails relatifs à ce sujet se trouveront dans la seconde partie de cet opuscule.

° La greffe de nos cépages d'Europe est facile sur les cépages américains autres que ceux du groupe des *rotundifolia.* Les résultats en sont encore peu décisifs quant à la vigueur des greffes; il faut attendre que les expériences faites en Europe nous renseignent mieux à cet égard que les essais faits en Amérique.

5ª Les détails de la culture des vignes américaines, l'étude de leurs produits (raisins et vins), ne sont pas susceptibles d'être résumés ici. On a vu quelques-uns de ces détails dans les pages qui précèdent; on en trouvera de plus complets et de plus méthodiquement classés dans les pages qui vont suivre.

6° L'existence du phylloxera dans toutes les parties de l'Amérique, à l'est des monts Rocheux, est une raison qui doit empêcher d'introduire des cépages de ce pays dans les régions où le phylloxera ne s'est pas encore montré [1].

[1] Sans m'arrêter à réfuter point par point les idées contraires, soutenues par M. Laliman et par la Commission d'enquête préfectorale de la Gironde, je dois dire que je ne connais pas de conseil plus dangereux que celui d'emporter *par provision* les vignes américaines dans des pays non infectés. Les faits ne donnent que trop raison à ceux qui croient à l'origine américaine du fatal insecte. On s'explique très-bien sa présence en Suisse par l'importation des cépages pris dans les serres à raisin d'Angleterre, où l'insecte est connu depuis 1863 (il y était presque sûrement venu des Etats-Unis). Aujourd'hui (24 décembre 1874) j'apprends, par une lettre de M. le professeur Roesler, de Klosterneuburg, que le phylloxera vient d'être découvert à Annaberg, près Bonn, et que c'est *sur des vignes américaines* qu'on l'a trouvé.

DEUXIÈME PARTIE

LES VIGNES AMÉRICAINES

LEURS CARACTÈRES

LEUR CULTURE, LEUR AVENIR EN EUROPE

CHAPITRE Ier

LES ESPÈCES SAUVAGES [1]

Pour si variés que soient les caractères de nos cépages d'Europe, on s'accorde, en général, à les rapporter à la même espèce botanique, le *Vitis vinifera* de Linné. En Amérique, au contraire, où la culture des vignes indigènes est toute récente, les variétés, déjà nombreuses,

[1] Consulter : C. S. Rafinesque, *Americ. Manual of the grape vines and the art of making wine.* Philadelphie, ann. 1830, in-12. 64 pages et 8 figures (grossières). — Major John Leconte *Americ. Grape Vines of the atlantic States*, in *Agricult. patent office Report.* Washington, in-8°, 1858, p. 227-237. — E Durand, *sur les Vignes et les Vins des Etats-Unis*, in *Bullet de la Société d'acclimat. de Paris*, avril et mai 1862, reproduit dans le *Bulletin de la Soc. cent. d'agric. de l'Herault*, ann. 1862. — Idem, *Vites boreali-americanæ*, édité (avec des remarques) par M. Ch Desmoulins, dans les *Actes de la Soc. linneenne de Bordeaux*, tom XXIV, 2ᵐᵉ livr, ann 1862 — G. Engelmann, in *Riley sixth annual Report* St-Louis (Missouri), ann. 1874, p. 70-76 (*the True Grape Vines of the United-States*). — J.-E. Planchon, *les Vignes sauvages des Etats Unis d'Amér.*, in *Bullet. de la Soc. bot. de France*, tom XXI. séances. p. 107-111 (avril 1874), et in *Bullet Soc. hort. de l'Herault*, n° 2 de l'annee 1874

se rattachent à des espèces botaniques différentes, et quelques-unes de ces espèces n'ont pas encore donné directement d'éléments nouveaux à la culture. Il y a donc un intérêt réel à saisir autant que possible les caractères de ces types spontanés, dans le but surtout d'y rattacher les variétés ou les races que la culture a su en extraire, et dont plusieurs sont encore assez rapprochées de leur origine pour qu'on puisse encore les y rattacher avec quelque précision.

Sans nous perdre dans des discussions botaniques sur les limites des genres *Cissus, Ampelopsis* (vigne vierge) et *Vitis,* nous définirons ce dernier type par sa corolle à cinq pétales soudés en capuchon par leurs sommets (*corolla calyptrata*). Ce sont donc les *Vites veræ* d'Élias Durand, les vignes par excellence et les seules Ampéli-dées parmi lesquelles on rencontre des fruits édules.

Entre ces vignes, il en est une dont les caractères de végétation et de fructification sont si particuliers, que j'ai cru devoir en faire le type d'une section spéciale : ce sera le *Muscadinia,* ainsi nommé du nom vulgaire de l'espèce (*Muscadine*) : toutes les autres seraient des *Eu-vites,* c'est-à-dire les vignes proprement dites, rappe-lant, par la structure de leur bois et de leurs grappes, notre *Vitis vinifera.*

Pour introduire entre ces dernières une certaine classification méthodique, le docteur Engelmann s'est servi de deux caractères : d'une part les vrilles, qui sont tantôt continues, c'est-à-dire placées sans interruption vis-à-vis de toutes les feuilles (*Vitis Labrusca*); tantôt intermittentes, c'est-à-dire séparées par des intervalles vides (*Vitis æstivalis* et toutes les autres espèces améri-caines); d'autre part, le raphé ou nervure ventrale de la graine, qui tantôt forme une saillie marquée, et tantôt se dessine à peine. Ces caractères me paraissent intéressants à noter, mais leur importance comme base de classification ne semble pas assez démontrée pour qu'on puisse y voir pour le moment autre chose que des signes spécifiques. En attendant, le groupement provisoire des types en espèces à gros grains et en espèces à petits grains, bien qu'il soit artificiel, est pratiquement le plus commode; c'est celui que nous suivrons, après le docteur Engelmann lui-même, dans l'énumération suivante des espèces spontanées.

Section Ⅰʳᵉ. — **Muscadinia**

Écorce des jeunes rameaux non striée, couverte de nombreuses petites lenticelles (au moins sur le bois des rameaux) ; bois dur, sans gros vaisseaux; moëlle peu abondante. Baies peu nombreuses dans chaque inflorescence, mûrissant successivement et se détachant une à une à la maturité. Vrilles continues; graines marquées de rides ou de dépressions sur la face et sur le dos.

1. Espèce unique : Vitis (*Muscadinia*) rotundifolia, Michaux, Fl. bor.-amer., II, p. 231.—D. C., Prod. 1, p. 635, Durand.

Vitis vulpina L. (en partie). — Torrey et Gray. — Engelmann et la plupart des auteurs américains.

Vitis vulpina dicta, acinis paramplis purpureis in racemo paucis, sapore fœtido et ingrato prædilis, cute crassa carnosa. Clayton , nº 696, ex Gronov., Fl. Virgin. (ann. 1762), p. 34.

Vulgairement: *Muscadine, Bullace, Bullet Grape* (raisin à balles). J'ai expliqué ailleurs pourquoi le nom de *rotundifolia* me paraît devoir être adopté de préférence au nom de *vulpina :* Linné a confondu sous ce dernier nom des espèces très-différentes.

La *Muscadine* est essentiellement la vigne des États du Sud; vers le Nord, elle ne dépasse pas le Potomac. J'en ai vu dans l'herbier de l'Université de Cambridge (près Boston) des exemplaires cueillis dans les localités suivantes : New-Providence, îles Bahamas (W. Cooper), Houston, Texas (Lindheimer).

Je reviendrai plus loin sur les variétés de la plante : *Scuppernong, Mish,* etc. Voir ce que j'en ai dit ci-dessus, p. 36 et suiv.

Section II. — **Euvites**

Vignes proprement dites, ou Vignes à grappes

Écorce striée, s'enlevant en lanières (le périderme, du moins). Bois tendre, à gros vaisseaux : moëlle abondante. Grappes à grains nombreux, restant adhérents jusqu'à maturité et au delà.

Première série. — *Raisins à gros grains*

2. Vitis Labrusca L. — Feuilles revêtues en dessous d'un duvet serré, prenant parfois l'aspect un peu métallique ; vrilles continues (sauf les points où elles sont remplacées par des inflorescences). Grains gros, à pulpe peu fondante, à goût *foxé* (*foxy*, de renard, de cassis, de framboise ; mais j'emploie, avec M. Pulliat, le mot *foxé* comme désignant quelque chose de spécial).

Vitis vinifera sylvestris americana, foliis aversa, parte densa lanugine tectis. Plukenet, Phytograph., 249, fig. 1.

Vitis Labrusca L., Sp., pl. 1, p. 293. (Exclusion faite des synonymes de Plumier et de Sloane, qui se rapportent à une espèce à petits fruits, le *Vitis caribœa* des

Antilles. Vulgairement *Fox Grape, Northern Fox Grape*.

D'après Engelmann, l'aire géographique de cette espece s'étend de la Nouvelle-Angleterre à la Caroline du Sud, la chaîne des Alleghanies comprise, mais à l'exclusion de la vallée du Mississipi.

Je parlerai plus loin de ses nombreuses variétés : *Catawba, Isabella, Concord*, etc.

3. Vitis Lincecumii, Buckley, msc — Durand, in *Bull. Soc. d'acclimat*, t. IX (1862), p. 485, et *Vites bor.-am.* (édit. Ch. Desmoulins), p. 57. Berckmans, in *Bull. Soc. agric. de l'Hérault*, ann. 1874, p. 281-282.

Vitis æstivalis, var. Engelm., in herb.

Vulgairement *Post oak Grape*, ou *Pine wood Grape*, au Texas. Rameaux couchés, rarement grimpants, longs de 1ᵐ20 à 1ᵐ50; feuilles très-grandes, largement cordées, grossièrement dentées ou à cinq lobes obtus et profondément sinués, à face supérieure aranéeuse-pubescente, à face inférieure garnie d'un duvet épais aranéeux; grappes composées, baies grandes, noir pourpre, quelquefois ambrées, exhalant une odeur très-suave et mûrissant en août.

Très-répandue dans le Texas, la Louisiane occidentale et l'Arkansas, où on l'avait prise pour une variété du *Vitis Labrusca*, jusqu'au moment où le professeur Buckley sut la distinguer comme espèce, en la dédiant au docteur Lincecum.

« Le tomentum de cette espèce est d'un fauve rougeâtre; sa grappe est ample et plus courte que les feuilles, qui sont très-grandes, plus larges que longues, et tantôt indivises, tantôt (sur les branches fertiles) à cinq lobes arrondis. Elle est buissonnante, haute de cinq à six pieds, rarement grimpante. » (Durand.)

Je traduis encore les indications suivantes, inscrites de la main du professeur Buckley sur la feuille d'échantillons de cette espèce que renferme l'herbier Durand, au Muséum d'histoire naturelle de Paris :

« Ceci est la forme buissonnante du *Post oak Grape*. (*Post oak* est le nom d'une espèce de chêne assez basse, le *Quercus obtusiloba*.) On ne la trouve que dans les terrains sablonneux stériles (*dead beds of sand*), et l'on devrait l'appeler *sand grape* (raisin des sables.) La baie est grosse, et, quand elle est mûre, exhale l'arome le plus agréable que je connaisse chez les raisins. Par malheur, à peine le raisin est-il mûr, qu'il s'égrappe et tombe, ce qui fait que l'espèce a peu d'utilité à l'état sauvage. La culture pourrait l'améliorer et donner ainsi de la valeur aux sables les plus arides. »

Si Buckley et Durand n'affirmaient que cette espèce a de gros grains et se rapproche à cet égard du *Vitis Labrusca*, on pourrait, avec le D' Engelmann, y voir plutôt une simple forme du *Vitis æstivalis*. Le duvet lâche (bien qu'assez épais) de ses feuilles, et ses feuilles elles-mêmes, dans leur ensemble, vues sur le sec (d'après des échantillons originaux de Buckley), rappellent exactement celles des échantillons authentiques du *Vitis æstivalis* de Michaux, que renferme, au Muséum, l'herbier d'Antoine-Laurent de Jussieu.

Feu Elias Durand, dans *Vites boreali-americanæ*, dit avoir lui-même trouvé cette espèce dans le comté de New-Jersey, sur les terres du comte de Survilliers. Mais il a, plus tard, effacé cette indication dans son propre exemplaire de son opuscule, sans doute parce qu'il en avait reconnu l'inexactitude.

La plante cultivée au Jardin botanique de Bordeaux,

sous le nom de *Vitis Lincecumii*, ne répond pas aux caractères de cette espèce : par ses feuilles adultes, couvertes
en dessous d'un duvet serré, d'aspect presque métallique
et de couleur chamois, elle rappelle bien plutôt le *Vitis
Labrusca*. M. Durieu de Maisonneuve, qui m'en a com-
muniqué les feuilles sèches et un pied vivant, l'avait
reçue, sous ce nom de *Lincecumii*, de feu Durand lui-
même, presque au moment de la description première
de l'espèce. De trois graines envoyées dans une lettre,
une seule vint à bien : le pied original a péri, mais, sur
les pieds de bouture restants, M. Durieu en a donné un
à M. Laliman en 1872 ; or, dans les premiers jours d'octobre 1873, les racines de ce pied se sont trouvées couvertes de phylloxeras. Ceci ne prouve pas que le vrai
Vitis Lincecumii ne puisse être une des espèces qui résistent à l'insecte. S'il en est ainsi, la faculté qu'il a de
pousser dans les terrains maigres pourrait le rendre
précieux, comme porte-greffe, dans nos sols arides du
Midi [1].

4. VITIS CANDICANS Engelm., *Plant Wrigth,* II, p. 32,
fide Walpers. — E. Durand, *Vit. bor.-americ*. (édit. Ch.
Desm.), p. 51.

Vitis mustangensis Buckley. *Proced. of the Academ. of*

[1] J'extrais d'une lettre que M. Berckmans m'a écrite, en date du
11 septembre 1874, les renseignements suivants, qui me semblent
mettre hors de doute la distinction spécifique entre le *Post oak* et
le *Vitis æstivalis* :

« Je ne serais pas étonné que M. Laliman eût distribué du
Post oak pour du Mustang. Je lui avais envoyé du Post oak en
1860, mais je ne crois pas avoir envoyé du Mustang. Le Post oak
a une feuille très-grande, lobée, avec un peu de pubescence sur
les nervures de la face inférieure. Les caractères botaniques du
Post oak le font, à première vue, appartenir aux *Æstivalis*, mais le
fruit se rapproche tout à fait des *Labrusca*. Le grain est gros comme

Philadelph., ann. 1861, p. 450, *fide Walpers. Annal. bot.*, VII, p. 616.

Vitis caribœa, var. *coriacea* Chapm., *Fl. South Unit.- States*, 71, n° 6, *fide Durand.*

Vulgairement : *Mustang Grape* (*mustang* est le nom indien du cheval sauvage).

Plante grimpante, feuilles cordées, entières ou profondément trilobées, glabres et d'un vert intense à la face supérieure, recouvertes à la face inférieure d'un tomentum cotonneux dense et blanc (rarement roussâtre), qui se trouve sur les rameaux, les vrilles et les pétioles; grappes denses, composées, plus courtes que les feuilles; baies grandes, d'un noir pourpre.

Je traduis, pour la description de cette espèce, la diagnose latine qu'en a donnée Elias Durand : les feuilles seules, à cause de leur duvet blanc très-dense, suffiraient à la distinguer des *Labrusca* et des *Æstivalis*.

Sauvage au Texas et au Nouveau-Mexique, cette vigne y prend, dans les bois, un développement très-rapide : sa tige principale devient énorme et ses rameaux finissent par étouffer les arbres qu'ils enlacent de leurs étreintes. Chez les pieds femelles (car une bonne moitié n'ont que des fleurs mâles), les grappes sont parfois tellement nombreuses, que, lors de leur maturité, elles for-

le *Concord*, bleu noirâtre, peau épaisse, pulpe coriace, assez acide quoique vineuse, et d'un goût un peu musqué, quoique différent de l'arome des *Labrusca*. La végétation est inouïe. M. Le Hardy parle de fruits vus dans ma collection. J'ai reçu le Post oak il y a seize ans et l'ai eu en fruit depuis 1860. L'hiver dernier, l'on m'a envoyé du Texas quelques boutures d'un pied de Post oak qui paraît distinct de ceux trouvés dans les bois : le fruit en est plus gros et d'une qualité supérieure. Le produit est, à ce qu'il paraît, fabuleux, et ce pied, célèbre dans tout le Texas, est considéré comme une merveille »

ment comme une masse noire cachant les feuilles. Le professeur Buckley en a vu, dans les bois, au moins cinq variétés, « les unes à pulpe blanche, les autres à pulpe d'un rouge de sang », la couleur extérieure du grain étant toujours noire. « Le goût du fruit est détestable, mais son âpreté réside dans un principe acerbe que contient la peau, et qui enflamme les lèvres et la muqueuse de la bouche. Mais cette peau se détache facilement ; lorsqu'elle est enlevée, on peut trouver la pulpe passable et même s'en nourrir, quand ces régions désertes n'offrent rien de mieux pour apaiser la faim du voyageur. »

« Les meilleurs raisins du pays sont employés, dans les ménages, à faire du vin ; mais il faut toujours le sucrer, c'est-à-dire ajouter du sucre au moût avant la fermentation ; sans cela, il est trop acide et tourne promptement au vinaigre. » (L. Durand.)

« Il m'est arrivé, écrit le professeur Buckley, de retirer d'un seul pied de cette plante, âgé de huit ans, 54 gallons (193 litres [1]) de jus. « Le vin que produit cette espèce est aigre et tout à fait *pauvre,* à moins qu'on ne prenne soin de le *médicamenter* énergiquement, *except it is highly doctored :* trois livres de sucre bien sec pour chaque gallon (3 litres 78) de jus sortant du pressoir. Laisser fermenter d'une manière complète, puis filtrer avec soin ; ajouter un dixième d'esprit-de-vin rectifié (*proof spirit*) et mettre en bouteilles.—On obtient ainsi un bon vin, *très-corsé,* riche, fort agréable au goût et supérieur en couleur à tous les autres vins. »

---

[1] M. Ch. Desmoulins indique 245 litres, parce qu'il prend le gallon en question pour le gallon anglais de 4 litres 543, tandis qu'il s'agit du gallon américain de 3 litres 78.

J'ai voulu citer ces renseignements sur le *Mustang*, pour montrer qu'il ne faut guère attendre de cette espèce une ressource pour la production du vin en Europe; ce qu'on peut espérer, c'est que sa vigueur extraordinaire en fera peut-être un excellent porte-greffe pour nos cépages. L'observation de Buckley, que j'ai transcrite plus haut dans mon Rapport (pag. 23) est, à cet égard, très-encourageante et semble justifier cette assertion du même auteur : « que sa principale utilité sera de fournir des sujets vigoureux pour recevoir des greffes d'espèces plus savoureuses. »

Confiné dans le Texas, l'Arkansas et la partie orientale du Nouveau-Mexique [1], le *Mustang* est inconnu dans les pépinières du nord et de l'ouest des États-Unis. M. Berckmans, d'Augusta, le cultive comme objet de curiosité. M. Laliman, de Bordeaux, a cru l'avoir dans sa collection, mais la plante qu'il possède sous ce nom est une forme du *Vitis æstivalis* ou peut-être le *Post oak*. Grâce à l'obligeance du docteur Engelmann, M. Lindheimer, dès l'automne dernier, m'en a envoyé de nombreuses graines, qui, distribuées à divers amis (M. Ma-

---

[1] Voici ce que m'écrit M. Berckmans, en date de 11 septembre 1874 :

« Une lettre reçue d'un Hongrois, très-amateur, établi dans le comté de Lampesas (Texas), cite, entre autres choses, ceci: Le Mustang ordinaire n'est guère bon, ni comme raisin de table, ni pour le vin. Son mérite est d'être très-productif et cosmopolite (sic) plus qu'aucun raisin que je connaisse. Le tannin qu'il contient rend ce raisin propre à corriger les vins fades, une petite quantité de Mustang leur donnant les principes qui leur manquent. Je vous enverrai le Mustang blanc, qui est très-rare, mais dont le fruit est excellent comme raisin de table et à vin. J'ai trouvé beaucoup de raisins sauvages bien supérieurs au Mustang, mais le raisin blanc à grappe de *Bandera* County (le nom est assez illisible) est le meilleur raisin sauvage de Texas.

zel d'Anduze, M. Durieu de Maisonneuve, M. Pulliat,
M. Briant, jardinier chef à l'École normale de Cluny, etc.),
leur ont donné de jeunes plants [1]. D'ailleurs, M. Douysset, de Montpellier, en attend prochainement des sarments; nous serons donc bientôt mis en mesure d'en apprécier la manière d'être vis-à-vis du phylloxera [2].

5. VITIS MONTICOLA, Buckley, *l. c.*, p. 450. L. Durand,
l. c., pag. 57. — Rameaux couchés, longs de 1^m à 1^m,50;
feuilles cordées indivises ou légèrement 3-5 lobées (lobes
parfois assez profonds), irrégulièrement dentées, glabrescentes à la face supérieure, couvertes sur la face
inférieure d'un duvet grisâtre ou un peu fauve, le plus
souvent épais, quelquefois presque nul sur les feuilles
inférieures (ce duvet se retrouve sur les rameaux, les
pétioles et les vrilles, et se détache même quand ces organes ont vieilli); grappes composées égalant (ou dépassant) la feuille; baies assez serrées, de grosseur moyenne,
blanches ou ambrées, d'un goût très-agréable.

Ici encore je traduis à peu près littéralement la diagnose de Durand, en la complétant par l'étude des exemplaires de la plante recueillis par feu Berlandier au Nouveau-Mexique. Celui de ces exemplaires qui porte le
n° 3,116 représente une forme à duvet de la feuille épais

[1] M. Durieu m'écrit, le 24 octobre 1874, que les quatre pieds de
Mustang levés de mes graines sont d'une vigueur extrême : un des
emis d'un an donnés par M. Briant à M. Pulliat mesure 1 mètre
e longueur

[2] S'il est vrai que le *Vitis coriacea* de Shuttleworth (*Vitis caribæa*
r. coriacea (de Chapmann), soit une forme de cette espèce (et je
crois la chose exacte, d après des échantillons que j'ai vus dans un
erbier), alors la plante se retrouverait dans la Floride, où l'on ap-
elle, paraît-il, *Mustang* une variété à petites feuilles et à fruits
etits et âpres de la Muscadine (*Vitis rotundifolia* Michx). Voir
Chapmann, *Fl. of South States*, p. 71.

et grisâtre, avec quelques nuances de roux. Le docteur Engelmann l'a étiqueté, dans mon propre herbier, de la manière suivante : *Vitis æstivalis, var. monticola,* Engelm. *Vitis monticola, Buckley, forma foliis subtus tomentosis, proxima Viti canescenti vel ipsa canescens* (*canescens* étant le nom que le docteur Engelmann a donné à l'une des formes du *Vitis æstivalis* et ne devant pas faire confusion avec le *Vitis candicans* du même auteur). Cette note prouve que, dans l'opinion du botaniste de Saint-Louis, le *Vitis monticola* ne serait probablement qu'une variété du *Vitis æstivalis,* et l'on pourrait, en effet, la prendre pour telle si Buckley et Durand n'affirmaient que ses raisins sont au moins de grosseur moyenne (il est même dit *baccis magnis* dans la diagnose), tandis que les vrais *æstivalis* ont toujours de petits grains.

Un autre exemplaire de la collection Berlandier, portant le n° 412, est remarquable par ses feuilles presque glabres et se rapprochant de certaines formes du *Vitis cordifolia.* C'est sur un de ces exemplaires, recueillis en 1834, que le docteur Engelmann et Riley ont constaté la présence de galles phylloxériennes. (Voir ci-dessus, p. 60.)

Le Jardin botanique de Bordeaux, où les soins de M. Durieu de Maisonneuve ont introduit tant de plantes rares et curieuses, possède, depuis une douzaine d'années, quelques pieds d'une vigne envoyée de graines par feu E. Durand, sous le nom de *Vitis monticola.* Les feuilles de cette plante répondent assez à ceux des exemplaires authentiques, sauf que leur duvet tourne davantage au roux. Les raisins que M. Durieu vient de m'envoyer, le 24 octobre dernier, présentent les caractères suivants :

Grappes petites (d'environ 8 à 10 centimètres de long), ailées, à grains peu serrés, rappelant pour la grosseur ceux du chasselas de Fontainebleau, arrondis, blanc verdâtre, *avec une très-fine fleur blanchâtre*, exhalant une odeur très-prononcée un peu spéciale, mais se rapprochant de celle de la framboise. Peau très-épaisse ; pulpe assez tenace (peu fondante), assez sucrée et légèrement *foxée* (beaucoup moins que chez la plupart des *Labrusca*).

Peut-être ces raisins n'étaient-ils pas parfaitement mûrs, et n'ai-je pu, à cause de cette circonstance, les apprécier aussi haut que Durand (déclarant ceux du *Vitis monticola* les meilleurs de tous les raisins d'Amérique) : M. Durieu de Maisonneuve les trouve excellents au goût et se plaint seulement de la ténacité de leur pulpe. Jusqu'à présent, du reste, le *Vitis monticola* demeure un objet de curiosité botanique ; mais il sera intéressant de constater comment se comporte l'espèce vis-à-vis du phylloxera.

SÉRIE 2me. — *Raisins à petits grains*

6. VITIS ÆSTIVALIS, Michx., *Fl. bor. am.*, II, pag. 230, n° 2[1]. Durand, *loc. cit.*, pag. 50. — Engelm., *in* Riley, *Sixth annual Report,* etc., ann. 1874, pag. 74.

Rameaux grimpants, feuilles quelquefois entières, le plus souvent à lobes plus ou moins marqués, un peu

---

[1] L'échantillon type de cette espèce, donné par Michaux à l'herbier du Muséum de Paris, a les feuilles couvertes en dessous d'un duvet roux abondant, qui, en se détachant, laisse voir un fond glauque. Les feuilles sont variées de forme : il y en a qui sont découpées en cinq lobes rétrécis à leur base, de manière à circonscrire des sinus arrondis : caractère d'hétérophyllisme qui se retrouve chez diverses espèces de vignes d'Amérique et même dans les branches stériles et rampantes de notre Lambrusque d'Europe. C'est à l'une de ces formes, prises chez le *Vitis riparia*, que Vahl a donné le nom de *Vitis palmata*, et Bosc, dans le *Dictionnaire d'agriculture,* etc., le nom de *Vitis sinuosa*. Ce doit être aussi le *Vitis digitata* de Rafinesque, *Grape vines*, p. 9.

épaisses; les jeunes toujours couvertes sur les deux faces d'un duvet roussâtre assez épais; les adultes, plus ou moins glabrescentes en dessus, portant en dessous, sur les nervures et les veines, un duvet floconneux dense ou clairsemé ; grappes à petits grains, presque toujours couverts d'une fleur et renfermant deux ou trois graines à raphé très-proéminent.

Vulgairement, *Summer Grape* (raisin d'été, bien que ces raisins mûrissent parfois tardivement).

Espèce très-variable, répandue dans les bois, les taillis, les fourrés, de presque tous les États de l'Amérique. Comme elle a fourni à la culture un grand nombre de variétés estimées (*Herbemont, Cunningham,* etc.), nous l'étudierons plus loin à l'occasion de ces variétés.

7. Vitis caribæa, DC. Prodr. I, pag. 634. — *Vitis indica* L. (en partie). Swartz — Humb. Bonpl. et Kunth.— *Vitis vulpina* L. (en partie, savoir quant aux synonymes de Plumier et de Sloane).

Cette espèce, très-répandue dans les régions tropicales de l'Amérique (Antilles, Mexique, Nouvelle-Grenade, etc.), ne se trouve aux États-Unis que dans la Floride. C'est à tort, croyons-nous, que Chapmann y rattache avec doute, comme variété, le *Vitis coriacea* de Shuttleworth, que je crois plutôt être une forme du *Mustang*.

Le *Vitis caribœa,* qui, par ses feuilles très-duveteuses en dessous, ressemblerait assez au *Vitis labrusca,* s'en distingue par ses grappes beaucoup plus longues, et par le duvet qui se détache de ses rameaux et de ses pétioles en lambeaux irréguliers, le plus souvent allongés comme des mèches cotonneuses. On n'est pas bien d'accord sur la grosseur des grains du raisin : de Candolle les com-

pare aux raisins de Corinthe ; le Dr Chapmann leur
donne un demi-pouce anglais de diamètre. Ces raisins ne
se mangent pas, et l'espèce n'a donné aucune variété
cultivée.

8. VITIS CALIFORNICA. Bentham, in *Bot. of the Sulphur
Voy.* (1844), p. 10 (par inadvertance, *Vitex*[1]) *Vitis caribæa*, Hook et Arn., in *Bot. of th· Sulph. Voy.*, suppl.,
p. 322 ; non DC.

Type encore peu connu. J'en ai sous les yeux des
exemplaires provenant de trois sources différentes, savoir : un récolté en 1850 à San-Diego, dans la Californie
méridionale, par M. C.-C. Parry ; un autre récolté par
Hartweg, en 1848, en Californie (localité non indiquée,
n° 1679 de la collection) ; enfin un troisième de l'herbier Durand, récolté en Californie par feu Thomas
Bridges (n° 45). Ces exemplaires appartiennent tous au
Muséum de Paris. C'est d'après eux que je vais tâcher
de compléter la diagnose trop succincte de Bentham :

Plante grimpante ; rameaux grêles portant, ainsi que
les pétioles, des flocons de duvet cotonneux blanchâtre ;
feuilles relativement assez petites (il s'agit de celles de
bouts de sarment), longues de 6 à 8 centim. sur 5 à 7 de
large, arrondies-cordées avec le sinus largement ouvert,
non acuminées, tantôt indivises, tantôt à trois ou cinq
lobes peu profonds, irrégulièrement dentées sur tout leur
pourtour, membranenses (non épaisses); les très-jeunes
tomenteuses et blanchâtres; les adultes ne portant plus

---

[1] Je transcris en note la diagnose que Bentham donne de cette
espèce : « *Foliis subrotundis acutiusculis grosse dentatis integris,
3-5-lobisve, basi profunde cordatis supra, glabris subtus, ramulisque
floccoso-tomentosis. Folia latiora quamin Viti caribæa, nunquam acu-
minata, sinu baseos profundiore, angustiore. Baccæ parvæ, nigræ.*
— Rio-Sacramento (Californie).

à la face supérieure que des restes de flocons ou petites mèches de duvet, à la fin glabres ; face inférieure d'abord couverte d'un duvet gris blanchâtre peu épais, puis simplement pubescente sur les nervures et les veines. Vrilles non régulièrement continues. Grappes polygamo-dioïques (mâles dans les échantillons d'Hartweg et de Bridges, femelles dans celui de Parry), pédonculées, dépassant en général la feuille, composées; les principaux axes portant un duvet fugace, les pédicelles et les fleurs tout à fait glabres. Pas de fruits noués. Dans la feuille de l'herbier Durand se trouvent détachées trois graines que rien ne prouve d'une manière absolue appartenir à l'espèce : ces graines sont ovoïdes, lisses, luisantes, creusées en avant de deux fossettes linéaires, portant sur le dos le tubercule chalazique, et présentant, outre le raphé ventral qui n'est pas saillant, une fine nervure latérale, qui va parfois rejoindre le raphé dans l'échancrure sous-chalazique de la graine.

Il est difficile de se prononcer sur les affinités les plus immédiates de cette espèce, Je penche à croire qu'elle se rattache surtout aux *Vitis monticola* et *rupestris*. Il serait intéressant de pouvoir l'étudier sur le vif, et l'on doit, par curiosité botanique, en désirer l'introduction Elle n'a, du reste, fourni aucune variété cultivée, tous les vignobles de la Californie n'étant peuplés que de vignes d'origine européenne.

9. VITIS ARIZONICA. Engelm. *ubi* ? Le nom seulement dans l'*American Naturalist,* août 1868 (sans pagination), et dans Riley, *Sixth annual Report,* 1874, pag. 73.— Je ne connais cette espèce que pour l'avoir vue dans l'herbier du Dr Engelmann, qui la regarde comme voisine du *Vitis californica.* Pour ma part, j'ai noté sa ressemblance

avec le *Vitis cordifolia* Michx. Un exemplaire récolté en 1871, par M. J. Bischoff, dans le territoire d'Arizona (au sud-est de la Californie), porte des galles phylloxériques! Mais il faut noter que les eaux de ce territoire s'écoulent vers le territoire du Mexique, et appartiennent par conséquent au grand versant oriental des montagnes Rocheuses, où règne le phylloxera, lequel est inconnu jusqu'à ce jour sur le versant occidental de la chaîne.

Dans un article de l'*Agricultural Report* de Washington pour l'année 1870 (publié en 1871), il est question (p. 415-416) d'une vigne sauvage rapportée d'abord au *Vitis californica,* et, plus loin, baptisée du nom provisoire de *Vitis arizonensis,* Engelmann. Les raisins de cette vigne seraient abondamment mangés par les Indiens, qui l'auraient même cultivée autrefois, notamment dans l'Arizona, près du fort Whipple et au camp Lincoln, sur le rio Verde, où des pieds de vigne très-vieux, rangés en ligne et aujourd'hui abandonnés, attesteraient cette ancienne culture. Mais les indications données sur les diversités de goût des raisins et sur les caractères mêmes de ces vieilles vignes, dont on compterait cinq ou six variétés distinctes, laissent trop de vague sur le sujet pour qu'il soit permis d'en rien conclure sur les qualités édules du *Vitis arizonica.* Jusqu'à nouvel informé, l'espèce doit être considérée comme douteuse.

10. Vitis rupestris, Scheele.— Durand, *l. c.*, p. 56.— Engelm., *in* Riley, *Sixth annual Report* (1874), p. 74.— Petit arbuste buissonneux, souvent dépourvu de vrilles, quelquefois un peu grimpant ; feuilles petites, généralement plus larges que longues, échancrées en cœur ou tronquées à la base, très-légèrement lobées (plus ou moins orbiculaires), avec des dents profondes et aiguës,

glabres (ou parsemées de quelques poils), d'une couleur
glauque ou vert pâle; grappes petites, à grains de grosseur moyenne, d'un noir bleuâtre, mûrissant de bonne
heure et d'une saveur agréable.

Vulgairement, *Sand Grape* (raisin des Sables), dans le
Missouri; *Sugar Grape* (raisin de Sucre), au Texas.

Missouri, Arkansas, Texas et Nouveau-Mexique, dans
les graviers des ruisseaux des montagnes ou sur les
plateaux rocailleux. J'en ai sous les yeux des exemplaires recueillis à New-Braunfels (Texas), par M. Lindheimer ; au Nouveau-Mexique , par Fendler (n° 107,
ann. 1847, *in* herb. Durand) : forme à feuilles un peu poi-
lues. J'en ai d'autres, cultivés à Saint-Louis par le D[r]
Engelmann, de graines du Missouri, et au Jardin des
plantes de Paris, de graines envoyées par le Dr Engelmann. Un caractère assez curieux de l'espèce, c'est que
ses feuilles sont un peu pliées sur leur nervure médiane
au-dessus de leur base, le creux formé par le pli regardant la face supérieure.

Étrangère à la culture en grand, cette espèce mérite-
rait peut-être d'être introduite dans les jardins à titre de
curiosité.

11. Vitis cordifolia, Torrey et Gray. — Durand, *l.
c.*, p. 54. — Rameaux grimpants, à vrilles interrompues
(non continues, intermittentes); feuilles cordées indivises
ou plus ou moins palmatilobées, membraneuses, glabres, ou à pubescence peu abondante, jamais veloutée,
et le plus souvent formée de poils simples ou presque simples; grains du raisin petits, à pulpe fondante, souvent
acidule, renfermant une ou deux graines obtuses, à
raphé proéminent

Var. *α*, *genuina*, Durand, *l. c.*, p. 54. — Feuilles in-

divises ou très-légèrement trilobées, irrégulièrement dentées, avec les dents du sommet non convergentes; grappes allongées, le plus souvent lâches; baies petites,
noires, sans fleur à la surface, quelquefois aromatiques
et fétides, à maturité tardive.

Vulgairement, *WinterGrape* (raisin d'Hiver), *Frost Grape*
(raisin des Gelées), *Chicken Grape* (raisin des Poulets).

Synonymes : *Vitis cordifolia*, Michaux, *Pl. bor.-am.*,
II, p. 231 (ann. 1803). Engelm., *in* Riley, *Sixth annual
Report*, ann. 1874, p. 73.

Répandue, à l'état sauvage, dans toute la région des
États - Unis, depuis la Nouvelle - Angleterre jusqu'au
Texas, et, vers l'ouest, jusqu'aux extrêmes limites occi-
dentales de la partie boisée de la vallée du Mississipi
(Engelmann).

Var. β, *riparia*, Torrey et Gray. — Durand, *l. c.*,
p. 55. — Feuilles plus ou moins profondément, 3-5
lobées, irrégulièrement incisées-dentées (les dents supérieures non convergentes); grappes plus petites et généralement plus serrées que dans la variété précédente,
presque toujours couvertes d'une fleur, à pulpe acidule,
renfermant 1-2 graines.

Appelée autrefois par les colons français « Vigne des
Battures » (Michx); aujourd'hui, par les colons du Texas,
River Grape (vigne des Rivières), ou *Sweet scented Grape*
(Vigne odorante), à cause de l'odeur suave de ses fleurs,
odeur principalement développée par les fleurs mâles
(Durand).

Synonymes : *Vitis riparia*, Michaux, *l. c.*, p. 231.

Vitis canadensis aceris folio, J. Ray. - Tournef, *Instit.
rei herb.*, I., p. 613 (sur la foi d'un échantillon du Jardin
des plantes de Paris, étiqueté par Vaillant : herb. du
Muséum).

7*

Vitis vulpina, dicta virginiana nigra. Pluken, *Alm.* 392.

Vitis virginiana alba foliis profundę dissectis, Hort. reg. Paris, ann. 1768 (d'après un échantillon de l'herbier de Jussieu).

Vitis virginiana, Hort. Paris, ann. 1802 (d'après un échantillon du même herbier) ; Poiret, *Dict.*, 8, p. 608.

Vitis palmata, Vahl, *Symbol.*, II, p. 42.

Vitis incisa, Jacq., Hort. Schœnbr., tab. 427, ann. 1804.

Vitis rubra, Michaux, *in* herb. du Muséum de Paris, avec le nom vulgaire : *Vigne de chat.* (Forme à feuilles tricuspidées, devenues rouges par teinte automnale).

Aussi répandue vers le sud et l'ouest que la variété précédente, et s'avançant plus haut vers le Nord, puisque c'est la seule vigne que l'on trouve dans le bas Canada, où elle remonte jusqu'à 60 milles au nord de Québec (Engelmann). D'après le même auteur, la forme septentrionale du Canada, du nord de l'État de New-York jusqu'au Michigan et au Nebraska, aurait des baies plus grosses et moins nombreuses dans chaque grappe, ce qui la séparerait aisément du *Vitis cordifolia.* La forme du sud-ouest, au contraire, plus haute comme taille, ressemblerait assez à cette dernière espèce pour qu'il fût souvent difficile de l'en distinguer. En tout cas, c'est la variété *riparia* qui a fourni, dit-on, à la culture le *Taylor,* le *Clinton* et d'autres variétés que nous étudierons plus loin. A l'état sauvage même, ses fruits sont meilleurs que ceux de la variété *genuina,* c'est-à-dire du *Cordifolia* proprement dit.

Var. γ, *Solonis.* — Feuilles suborbiculaires, largement cordées ou presque tronquées à la base, légèrement trilobées, avec les lobes longuement cuspidés (prolongés en pointe aiguë), incisées-dentées, les pointes ou les dents des lobes latéraux souvent courbées et convergentes vers le lobe central ; face supérieure à la fin glabrescente ; l'inférieure, couverte sur les nervures, et souvent sur tout le limbe, d'une pubescence courte, molle et grisâtre, non feutrée ; grappes petites, grains petits, noirs, renfermant une seule graine à raphé peu saillant [1].

Synonymes : *Vitis Solonis,* Hort. Berolin. (*Jardin botanique de Berlin*), ann. 1868, d'après Engelmann, herb.

Vitis riparia, var. *Solonis,* Engelm., msc. *in* herb.

Vitis cordifolia, Laliman, dans son jardin, dans ses lettres et sur la fig. n° 1 d'une planche représentant, en couleur rouge, les feuilles de divers cépages. (Cette planche doit être annexée à un travail de M. Laliman publié, je crois, en 1872, mais que je n'ai pu me procurer).

J'étais depuis longtemps intrigué par les caractères de cette plante, que M. Laliman déterminait, avec doute, *cordifolia,* lorsque j'eus la chance de la reconnaître dans l'herbier Engelmann, sous le nom étrange de *Vitis Solonis,* dont l'origine ne s'explique guère, mais que

---

[1] J'insère en note la description de ces raisins, faite d'après quelques petites grappes de la collection de M. Pulliat, à Chiroubles, le 14 septembre 1874 :

« Grappes très-petites (plutôt grapillons), placées dans le bas des sarments, comprenant de huit à dix grains ; ceux-ci petits (à peine gros comme de petits pois verts de grosseur moyenne), brièvement pédicellés, arrondis, noirs, avec une fleur bleuâtre. Peau dure; pulpe peu abondante, adhérant au pepin, mais relativement fondante et ne présentant pas la ténacité du Concord. Jus coloré en rouge vineux clair. Goût âpre et acide, sans arome particulier. Pepin unique, très-gros, ovoïde-subglobuleux, convexe des deux côtés, sans rides transversales, avec un raphé peu saillant et deux lignes imprimées du sommet obtus jusqu'au-dessous du milieu de la face ventrale; chaaze dorsale, au fond d'une dépression circulaire. »

j'adopte, néanmoins, pour donner au jardin de Berlin son droit de priorité dans ce baptême.

L'intérêt de cette plante n'est pas dans son fruit ; car son peu de fertilité, la petitesse et le goût acerbe de ses grappes, la placeraient aux derniers rangs ; mais sa valeur pourrait être très-grande, si l'observation de M. Laliman sur sa résistance extrême au phylloxera est confirmée par les expériences ultérieures. Dans ce cas, ce serait un excellent porte-greffe pour nos cépages d'Europe. Il est assez curieux que le type ne se soit pas présenté à l'état sauvage dans les nombreux herbiers que j'ai consultés. Je ne la connais dans la culture que chez M. Laliman, chez M. Berckmans, à Augusta (Georgie), et chez M. Pulliat.

En regardant comme simples variétés d'une même espèce les types *cordifolia* et *riparia* de Michaux, je me suis rangé à l'opinion de Torrey et Gray et d'Elias Durand, opinion que le Dr Engelmann lui-même est bien près de partager, bien qu'il ait donné les raisons pour tenir distincts les deux types de Michaux. J'ai tenu compte de ces différences dans les diagnoses des variétés ; mais je dois avouer que, dans la nature, et surtout sur le sec, il est difficile de marquer la limite entre les formes à feuilles entières, simplement dentées, constituant le prototype *cordifolia,* et les feuilles diversement lobées ou découpées caractérisant le type *riparia.* Quant au type *Solonis,* il n'est vraiment distinct que par la singulière direction arquée connivente que prennent, le plus souvent, les pointes des lobes ou des dents aiguës de ses feuilles : la pubescence de ces organes se retrouve à divers degrés chez des formes de *cordifolia* et de *riparia,* bien que le plus souvent les poils, chez ces deux derniers types, n'occupent que l'aisselle des nervures ou les nervures de la face inférieure des feuilles.

Dans l'énumération qui précède, j'ai négligé à dessein les synonymes de Rafinesque et même ceux du major Le Conte. Les premiers étaient peu sérieux ; les seconds sont le plus souvent fondés sur des caractères accidentels ou superficiels. Nous allons voir néanmoins comment le *Vitis araneosa* de Le Conte pourrait bien être la source de certains cépages cultivés ou rapportés au *Vitis labrusca*.

CHAPITRE II

LES CÉPAGES CULTIVÉS [1]

Sur les dix espèces de vigne énumérées et définies ci-
dessus, quatre seulement sont entrées dans la grande
culture , soit directement par des variétés naturelles

[1] Consulter J. Adlum, *a Memoir on the cultivation of the vine*.
Washington, ann. 1823. — *The American Vine dresser Guide*, by
J.-J. Dufour ; Cincinnati (Ohio), 1826 — Rafinesque, *Americ. Ma-
nual of the grape vine, etc.* Philadelphie, 1830. — Rob. Buchanan,
Culture of the grape, 8ᵉ édit. Cincinnati, 1865 (analysé sur la 7ᵉ édi-
tion, en 1862, par M Ch. Desmoulins, dans les *Actes de la Soc. linn
de Bordeaux*, tom XXIV, 2ᵉ livraison. — C.-W. Grant. of Iona
'N -Y) *Illustrated Catal. of vines*, 7ᶜ édit. (1858). — G. Husmann,
the Cultivation of the native grape. New-York, sans date (vers 1866).
— W -C Strong, *Culture of the grape*. Boston, 1866 et 1867. —
Mayor J. Le Conte, *Americ Grape vines. etc.*, in *Agric. patent office
Report*. Washington, ann. 1858, p. 227-237, reproduit en grande
partie dans un rapport de M. Erskine à lord Napier, traduit dans le
Bull. de la Soc. centr. d'agric. de l'Hérault, ann. 1860. — Isidor
Bush and sons, *Illustrated Catalogue of grapes, etc.* St-Louis (1869).
— A S. Fuller, *the Grape Culturist*, 1ʳᵉ édit , 1864. Nouvelle édit ,
1873. New-York, in 12 — Victor Pulliat, *le Phylloxera et les vignes
americ.*, in *Journ. de l'agric.*, 1873, reproduit dans le *Messager agricole du Midi*, 10 janvier 1874. — Le Hardy de Beaulieu, *le Phylloxera
et les vignes d'Amer.*, in *Bull. de la Soc. d'agric. de l'Hérault*,
60ᵉ année, publiée en 1874, p 814 et suiv. — Id , *les Cepages indemnes, etc.*, brochure in 8ᵉ Augusta (Georgie), 1874. —Isidor Bush, *Cépages américains*, dans le *Messager du Midi*, nᵒ du 31 juillet 1874. —
P.-J Berckmans, *Catal des cépages améric*, etc., in *Bull. Soc.
cent d'agric. de l Hérault*, ann. 1874, p 261-283 — Ch. Downing,
the Fruits and fruit Trees of America. New-York, in-8ᵉ, 1849,
p. 504-559.

prises dans les bois, soit par une voie plus artificielle, en se pliant aux efforts des viticulteurs qui demandent au semis ou à l'hybridation des variétés nouvelles.

Bien que l'apparition de presque tous ces cépages cultivés et perfectionnés soit toute récente, il n'est déjà plus toujours facile de remonter à la vraie source de chacun d'eux et de savoir à quelle catégorie il appartient : variation accidentelle fixée par la bouture et la greffe, ou semis gagné par voie de sélection, ou hybride entre vignes américaines, ou entre vigne américaine et vigne d'Europe. Sauf pourtant ces derniers cas, où l'incertitude plane souvent sur les parents supposés, et sauf de rares exceptions, où le caractère originel est indécis, la plupart des cépages d'Amérique se laissent aisément rattacher à l'un des quatre types suivants :

1° *Vitis rotundifolia,* reconnaissable à première vue par son bois à écorce non striée et adhérente, par ses raisins à grains se détachant un à un de la grappe.

2° *Vitis labrusca,* à feuilles plus plus ou moins cotonneuses en dessous, à grains de raisin assez gros, à pulpe tenace et à goût *foxé;*

3° *Vitis œstivalis,* à feuilles munies, sur les nervures, d'un duvet qui se détache par flocons ; à grains de raisin petits; à pulpe fondante, acidule, non *foxée.*

4° *Vitis cordifolia* (et sa variété *riparia*), à feuilles membraneuses, glabres ou à pubescence peu dense (formée surtout de poils simples), à grains de raisin petits, acidules et presque jamais *foxés.*

Ces caractères d'ensemble suffisent pour définir en gros ces quatre types. Il s'agit maintenant d'énumérer, sous chacun d'eux, les variétés qui s'y rattachent d'une manière évidente, d'en esquisser l'histoire, d'en appré-

cier la valeur relative, la fertilité, la force de végétation
et surtout la résistance plus ou moins grande qu'ils peuvent opposer au phylloxera. Pour cela, en dehors de mes
propres observations, nécessairement très-limitées, je
ferai de larges emprunts aux autorités viticoles de l'Amérique, en contrôlant du reste, autant que possible, les
observations faites au delà de l'Atlantique par celles
qu'une expérience de quelques années a permis de faire
en France, dans les collections déjà anciennes de M. Laliman, à Bordeaux ; de M. Borty, à Roquemaure (Gard) ;
ou sur quelques points des vignobles de l'Hérault, de
Vaucluse, des Bouches-du-Rhône, du Rhône et du Var.

Dans cette étude des cépages américains, une importance particulière s'attache à la détermination exacte
des variétés. Si l'on ne s'entend pas à cet égard, on doit
arriver, sans s'en rendre compte, à des résultats contradictoires, à de véritables malentendus, ne portant pas
seulement sur les noms, mais sur les choses. Je me suis
fait une règle de ne considérer comme bien connus que
les cépages dont j'ai pu contrôler, sur des échantillons
authentiques comparés à des descriptions, la détermination exacte, ou ceux que la grande culture m'a fait
voir partout aux Etats Unis sous la même dénomination.
Quant aux autres, j'en emprunte la description aux ouvrages de Fuller, d'Hussmann, de Bush, de Berckmans,
en laissant à ces auteurs, en quelque sorte classiques, le
mérite et la responsabilité des renseignements dus à leur
expérience. Il se peut même que certaines contradic-
tions entre ces auteurs tiennent, non pas à des erreurs
d'observation, mais simplement aux conditions différentes de sol, et surtout de climat, dans lesquelles ces observations ont été faites. Telle variété réussit dans le Nord
qui dépérit dans le Sud, et inversement ; mais, en thèse

générale, et le type des *Rotundifolia* mis à part, on peut dire que la plupart des cépages américains s'accommodent davantage du climat à température extrême du Missouri et de l'Ohio, que du climat plus chaud et plus humide des Etats du Sud. Sous ce rapport, le midi de la France, où les étés sont moins chauds et plus secs qu'en Géorgie, doit mieux convenir aux cépages les plus ordinaires des Etats-Unis que ne leur convient, en Amérique même, le climat du Sud. La preuve, du reste, que la plupart de ces cépages s'adaptent, en France, à des climats plus froids que ceux du Midi, c'est le bel état de végétation et de fructification où sont parvenues, en trois ans, les vignes américaines de M. Victor Pulliat, à Chiroubles (Rhône, aux confins de Saône-et-Loire). Le *Scuppernong* lui-même, cépage du Sud, a fructifié, bien que tardivement, dans ce coin du Beaujolais; et M. Pulliat, avec son habileté d'ampélographe, a pu tracer la description de trente-quatre de ces vignes, description encore inédite, dont il veut bien me donner la primeur, et que je transcrirai chemin faisant, ainsi que les judicieuses observations qui en forment le complément.

Ceci dit, je passe à l'énumération des variétés, rangées sous les espèces dont elles dérivent et groupées d'après leur degré, établi ou présumé, de résistance ou de non-résistance au phylloxera.

1er Groupe. — **Rotundifolia, Michx.** (*Vulpina* de beaucoup d'auteurs)

J'ai donné plus haut (p. 36-43) quelques détails sur ce singulier type, que j'ai reconnu, par des fouilles réitérées de ses racines, échapper complétement au phylloxera. Cette circonstance, avons-nous vu, le rendrait précieux au moins comme porte-greffe de nos cépages, si la nature de son bois n'avait jusqu'ici opposé à ce greffage des obstacles encore insurmontés. Il est à craindre d'ailleurs que, même dans le midi de la France, il ne trouve pas assez de chaleur pour mûrir ses fruits au point de ne pas exiger l'addition de sucre pour acquérir le degré voulu d'alcool. Je ne voudrais pas trop insister sur ces fâcheux pronostics, et je désire vivement que les espérances fondées sur ce groupe de vignes par MM. Le Hardy de Beaulieu et Berckmans se réalisent, sinon dans le midi de la France, du moins dans notre colonie algérienne. La plantation de milliers de *Scuppernong,* faite ce printemps par M. Fabre au domaine de Fournel, près Montferrier (Hérault); celle de centaines du même cépage par M. Henri Aguillon, à Chibron, près Signes (Var), et par M. Gaston Bazille, à Montpellier, n'ont pu donner encore des résultats décisifs; bien d'autres essais de ce genre, établis ce printemps dernier, pourront être appréciés dès l'an prochain et surtout les années suivantes. Suspendons jusque-là tout jugement, et contentóns-nous d'emprunter à M. Berckmans (*l. c.,* 279-80) les renseignements sur les principales variétés de ce groupe, qu'il a si bien étudié :

« SCUPPERNONG. — Baies jaune mordoré, avec teinte de bronze à maturité et souvent couvertes de taches roussâtres. Les groupes de baies sont de 4-10, parfois 20 (je n'en ai jamais vu que 9 au plus dans la Caroline du Nord); mais ces groupes sont produits avec une abondance incroyable sur toute la plante. Pulpe coriace ; jus vineux. d'un parfum délicat, ressemblant aux muscats ; maturité depuis le 15 août jusqu'à mi-septembre. Le fruit se détache du pédoncule à parfaite maturité.

» FLOWERS. — Grains plus petits que'le *Scuppernong,* en groupes de 10 à 25; groupes noirs, luisants ; jus sucré, coloré, très-bon, mais moins parfumé que le *Scuppernong.* Le grain reste attaché au pédicule longtemps après la maturité, qui a lieu du 15 septembre au commencement d'octobre.

» THOMAS. — Ne diffère du *Scuppernong* que par sa couleur pourpre. Même époque de maturité et même qualité.

» MISH. — Un peu plus gros que le *Thomas.*

» TENDER PULP. — Variété à fruit noir, de très-bonne qualité, mûrissant avant le *Flowser.* Très-estimé pour le vin.

» RICHMOND. — Variété à fruits noirs, légèrement ovoïdes; jus sucré, vineux, très-aromatisé; qualité excellente; sa maturité est très-précoce, commençant dès le 1er août. J'ai découvert cette variété il y a dix ans, et sa maturité a toujours été très-régulière. Ce cépage mûrira son fruit plus au nord qu'aucune des variétés précitées.

» PEDEE. — Variété à fruits blancs, identique avec le *Scuppernong,* mais mûrissant trois semaines plus tard.»

Dans cette énumération, je ne vois pas figurer le *Mish,* variété à fruits violets que j'ai vue dans la Caroline du Nord. M. Le Hardy de Beaulieu, qui la mentionne en passant (*Cepages indemnes,* p. 3), dit qu'elle est souvent confondue avec le *Thomas,* mais qu'elle a les fruits plus gros.

Les indications précises me font défaut pour savoir à quelle époque le *Scuppernong* ou des variétés analogues ont été introduits dans la grande culture[1]. Ce que je puis dire, c'est que dans les bois de la Caroline du Nord, notamment près de Ridgeway, on trouve fréquemment la *Muscadine,* ou *Vitis rotundifolia* sauvage, représentée par deux variétés, l'une à fruit jaune, l'autre à fruit violet, qui ressemblent, sauf le volume moindre dès baies, la première au *Scuppernong,* la seconde au *Mish.* On peut donc voir là, de la manière la plus évidente, les ancêtres, relativement récents, de deux vignes cultivées: seulement, l'expérience a démontré que les variétés à fruits noirs peuvent donner celles à fruits blancs, ou, inversement, les variétés blanches donner les rouges.

Une découverte importante, si l'expérience en confirme la réalité, c'est la création d'hybrides entre les *rotundifolia* et les autres vignes, soit d'Europe, soit d'Amérique. M. Berckmans donne le problème comme résolu par les soins du docteur Wylie, de la Caroline du Sud. Voici ce qu'il m'écrit notamment, à la date du 11 septembre 1874, en m'envoyant trois graines d'un de ces hybrides présumés. « Cette année, M. le docteur Wylie a réussi à gagner un semis hybride entre *Delaware* et *Scuppernong:* le fruit est plus gros que le *Delaware,* tandis que le bois tient beaucoup du *Scuppernong.* » Ces indications sont un peu vagues ; il faudrait connaître les circonstance de l'hybridation, le rôle que chaque espèce y a joué et laquelle des deux a fourni les graines. En supposant la nature hybride de ce produit bien établie, M. Berckmans

---

[1] Comme pied isolé, on peut citer le Scuppernong de l'île Roanoke, découvert, dit-on, dans le comté de Tyrrel (Caroline du Nord), par les premiers explorateurs de cette région (vers la fin du XVIe siècle ou le commencement du XVIIe) Planté dans l'île en question, ce pied existe encore aujourd'hui, couvrant une étendue de plus de 40 ares.

a raison de dire : « C'est le commencement d'une nouvelle race, qui, pour notre climat, sera précieuse. »

Pour ce qui est de la culture si spéciale des *rotundifolia,* du large écartement des ceps, de leur conduite en
treilles formant dais ou berceau, du danger qu'il y aurait
à les soumettre à la taille d'hiver, de la nécessité du marcotage d'été pour leur multiplication, de la récolte de
leurs raisins sur des linges mis à terre, des appareils particuliers pour le foulage de ces raisins, durs comme des
balles ; de l'addition habituelle du sucre au moût, de la
quantité prodigieuse et des qualités de leur vin ; pour
tout cela, nous devons renvoyer aux excellents articles
de MM. Berckmans et Le Hardy de Beaulieu, résumant,
avec l'expérience de ces habiles viticulteurs, celle d'un
des plus grands producteurs, M. Froelich, de la Caroline
du Nord[1].

2ᵉ Groupe. — Labrusca

Les variétés cultivées de ce groupe sont extrêmement
nombreuses, et quelques-unes jouent un rôle très-important dans la production du vin. M. Laliman les proscrit
toutes en bloc, comme ne résistant pas au phylloxera.
Nous serons moins exclusif et les rangerons en trois di-

[1] Berckmans, *Vignes américaines. Catalogue des cépages américains,* in *Bull. soc. d'agric. de l'Hérault,* ann. 1874, et brochure à
part, Montpellier, 1874. — C. Le Hardy de Beaulieu, *les Cépages
indemnes,* etc. Augusta, 1874, et *Bullet. Soc. d'agric. de l'Hérault,*
1874, p. 331 et suiv. — Id. *le Phyll. et les vignes améric.,* in
Bulletin de la Société centrale d'agriculture de l'Hérault, ann. 1873,
et brochure à part, Montpellier, 1874. — Les observations de
M. Froehlich ont été publiées dans l'*Agricultural Report* pour l'année 1871, paru à Washington en 1872 Elles ont été résumées par
les deux auteurs ci-dessus et aussi par M le Dʳ Brouzet, de Nîmes
(*Messager agricole du Midi.*)

visions: 1° les résistantes; 2° les non-résistantes; 3° celles
dont le degré de résistance est encore indéterminé.

§ 1. — *Vignes du groupe* Labrusca *résistant au*
phylloxera

1. Concord. — Gagné, dit-on, par M. E.-W. Bull, de
Concord (Massachussets), probablement de semis, ce cépage est remarquable par la vigueur de sa végétation et
par sa fertilité. Ses grandes feuilles, revêtues en dessous
d'un duvet lanugineux serré, de couleur nankin plus ou
moins pâle (passant au blanchâtre dans les feuilles plus
âgées) sont en dessus d'un vert intense. Ses grappes,
de grosseur moyenne, sont à gros grains parfaitement
sphériques, d'un noir bleuâtre, cette nuance provenant
d'une fleur très-fine qui les recouvre. Peau assez fine
(relativement à d'autres *Labrusca*), mais résistante, en-
duite à l'intérieur de matière colorante et laissant à l'arrière-goût une certaine impression d'âcreté. Pulpe assez tenace, devenant plus fondante par une maturité
avancée, à goût assez *foxé (foxy)*. En somme, raisin peu
agréable à nos palais européens, bien que généralement
apprécié en Amérique.

On fait avec ces raisins, tantôt un vin rouge ayant
plus ou moins le goût *foxy*, suivant qu'on a laissé le jus
plus ou moins longtemps sur le marc ; tantôt un vin
blanc ou légèrement rosé, en faisant fermenter le jus
à part du marc. Dans ce cas, on ajoute au marc une
certaine dose de sucre et d'eau, et l'on prépare ainsi un
second vin de qualité inférieure.

Le *Concord* est le raisin populaire par excellence, ce
qu'on appelle en Amérique : « *the grape for the million* »
(raisin pour le million, pour les masses). Dans les États

du Nord-Est, du Centre, de l'Ouest, je l'ai vu partout,
comme raisin de bouche, aux étalages des marchands.
Il attire le regard par sa belle apparence; mais son goût
de cassis et la ténacité de sa pulpe sont des défauts
qui l'empêcheront d'être accepté en Europe comme raisin de table.

La vigueur à peu près générale de ce cépage, sa fertilité, la facilité avec laquelle il reprend de bouture, sont
autant de raisons qui poussent à sa propagation. Actuellement, écrivent MM. Bush, on plante plus de cette variété que de toutes les autres ensemble.

Bien que le vin du *Concord*, surtout le blanc, ne soit
pas sans mérite et qu'il se vende très-couramment aux
États-Unis, c'est cependant comme porte-greffe pour nos
épages européens que je recommanderais cette variété ;
mais, à cet égard, il faut avant tout s'assurer de sa résistance au phylloxera.

Aucun doute sur ce point ne peut se présenter en
Amérique. Qu'on prenne tous les livres de viticulture
de ce pays, on y trouvera reconnue et proclamée la vigueur de ce cépage. Moi-même, confirmant sur ce point
les témoignages de Riley et de Bush, je l'ai vu partout
luxuriant, alors même que l'examen des racines y dé-
montrait la présence de nombreuses nodosités phylloxériques. Les observations de ce genre abondent dans
les pages de mon Rapport; les exceptions mêmes (telles
que le fait cité p. 87) s'expliquent par des raisons
étrangères à la constitution de la plante, et, si la récolte
de ce cépage est sujette à des échecs, cela tient au *rot*,
au *mildew*, aux insectes autres que le phylloxera.

D'ou vient donc que le *Concord* est compté par M. Laliman parmi les variétés qui, dans ses cultures, auraient
succombé aux attaques de l'aphidien? Est-ce bien le

vrai *Concord* que M. Laliman a eu sous les yeux ? Tant
de confusions se sont glissées dans les noms de sa collection, qu'une méprise de ce genre ne serait pas sans
vraisemblance. Mais la mort de ce cépage pourrait
bien s'expliquer aussi par une autre circonstance : savoir, l'inégalité de vigueur que les *Concords* jeunes,
plantés, soit en marcottes, soit en boutures, ont montrée dans divers vignobles ou pépinières de France. Chez
M. Gaston Bazille, par exemple, des *Concords* de trois ans
de plantation, pris par le phylloxera dès la deuxième année, sont restés chétifs et malingres à côté d'*Herbemonts*
et de *Cunninghams* relativement vigoureux (les uns et les
autres étant, du reste, dans une terre forte, mais un peu
épuisée et dans des conditions défavorables au point de
vue de la lumière). A Restinclières, près Montpellier,
dans un plantier de trois ou quatre ans, où des plants de
Bordeaux sont restés chétifs, quelques *Concords* soumis, à
contre-sens, à la taille courte, ont néanmoins de belles
pousses, longues parfois de 2 mètres et au delà ;
mais dans le nombre quelques-uns ont été atteints de
jaunisse, avec production de petits rameaux axillaires
rabougris : phénomène assez fréquent, du reste, chez les
plants jeunes de nos variétés indigènes les plus vigoureuses. Sur d'autres points, par exemple à Saint-Hip-
polyte-du-Fort (Gard), chez MM. Adolphe Planchon et
Paul Durant ; à l'Armeillère, en Camargue, chez M. Vau-
tier, de Lyon, représenté par son très-habile et très-
intelligent régisseur, M. Louis Reich ; chez M. Jules
Lichtenstein, à Montpellier, les boutures de *Concord* d'un
an ont fait de belles pousses vertes. Il est vrai que, sur
des plants aussi jeunes, le phylloxera, en l'y supposant
déjà venu, n'aurait pas eu le temps d'exercer une action
marquée. Mais la vraie conclusion à tirer de ces faits

contradictoires, c'est qu'on ne peut juger encore, sur
quelques observations isolées et incomplètes, la manière
dont le *Concord*, et en général même les autres cépages,
se comporteront sous notre climat. Tout ce qu'on a le
droit de dire, c'est que l'expérience faite *en grand* en
Amérique, si elle n'est pas absolument et *à priori* applicable à l'Europe, possède tout au moins sa valeur comme
indice de la constitution propre des cépages, de leurs aptitudes et, dans une certaine mesure, de leurs chances de
réussite dans un pays comme le sud de la France, où les
écarts de température de l'hiver et de l'été sont moins
prononcés que dans le centre, l'est et le nord des États-
Unis.

Ces *réflexions*, très-générales de leur nature, ne concernent pas le seul *Concord*. Elles étaient nécessaires
pour conseiller la prudence à ceux qui seraient tentés
de vouloir tirer des conclusions trop hâtives d'expériences incomplètes, soumises à toutes les chances d'erreur
qu'impliquent l'état variable des sujets plantés, les diversités de sol, les circonstances locales, bref à tout un
ensemble de conditions qui peuvent égarer le jugement
et fausser les conclusions de ces essais. C'est sous le
bénéfice de ces réserves que je place ici en note, à titre de renseignements *provisoires*, des observations sur
des cépages appartenant aux divers types américains [1].

[1] Voici ce que m'écrit, le 14 octobre 1874, un agriculteur plein
d'intelligence et de zèle, M. Henri Aguillon, de Chibron, près
Signes (Var):

« Dans mes essais de deux ans, le *Clinton*, l'*Isabelle*, le *Concord*,
sont dans un état déplorable.

» Sont dans une situation convenable le *Lenoir*, le *Vorlington*
du comte Odart, que M. Pulliat m'assure être le *York's Madeira*.
Enfin un pied de *Jacquez* est de la plus grande vigueur.

» L'état du Scuppernong est lamentable sur 120 pieds, un seul

2. IVES SEEDLING (*Ives Madeira* de Kittredge). « Gagné par M. Henry Ives, de Cincinnati (probablement d'une graine d'*Hartford prolific,* certainement non d'une graine d'une vigne étrangère à l'Amérique, comme le supposait M. Ives. Le colonel Waring et le docteur Kittredge furent les premiers à en faire du vin, vers 1863, et maintenant c'est le raisin favori dans les cultures de l'Ohio. Bien que nous ne pensions pas qu'on puisse lui décerner le 1er prix « comme le meilleur raisin à vin de tout le pays » (ainsi qu'on l'a fait le 24 septembre 1868, à Cincinnati), le grand mérite de ce cépage est d'avoir donné une nouvelle impulsion à la culture de la vigne dans l'Ohio, à un moment où les échecs répétés des *Catawba* rendaient cette impulsion le plus désirable.

» Grappes entre moyennes et grandes, compactes,

» est joli, plus de cent sont morts, malgré des soins minutieux.

» A côté de vignes américaines, j'ai planté du Colombaud, cépage provençal à grains blancs, qui est le plus résistant au phylloxera dans nos cultures Ces Colombauds sont malades, mais vivants, et bien mieux vivants que le *Clinton* et le *Concord.*

» Il faut attendre une expérience plus prolongée pour tirer quelque instruction sérieuse de ces petits essais »

Voici maintenant le relevé complet des mêmes observations, tel qu'il résulte d'une note du régisseur de M. H. Aguillon :

Observations faites la seconde année (c'est-à-dire en 1874), sur les vignes américaines plantées à Chibron, fin de 1872 et janvier 1873.

York's Clara. végétation très-faible, feuilles noirâtres.

Clinton : faible, très grêle, feuilles noirâtres.

Isabelle : faible

Worlington, du comte Odart (six plants reçus de M. Pulliat) · végétation vigoureuse

Harford prolific. très-faible, mourant

Schuylick (probablement Schuylkill) : très-faible, mourant

souvent ailées; grains moyens, légèrement oblongs, d'un pourpre foncé, tout à fait noirs à maturité complète. Chair douce et juteuse, mais décidément *foxée* et à pulpe un peu tenace : peu convenable comme raisin de table. Véraison précoce, mais maturité plus tardive que celle du *Concord*. Cépage remarquablement sain et vigoureux, à végétation puissante et robuste ; aspect général rappelant le *Hartford prolific*, mais fertilité moindre: au moins semble-t-il ne pas se mettre à fruit de bonne heure, la première récolte ne se produisant qu'à la quatrième année de plantation ; très-fertile, dit-on, quand les pieds sont âgés. » (Isidor Bush.)

« D'une croissance et d'une fertilité extraordinaires, ne manquant jamais de récolte et n'ayant jamais eu si gne de *rot*. Comme raisin à vin rouge, il est hors ligne

Long ou *Cunningham.* végétation vigoureuse
Canada blanc. très-faible, mourant.
Canada rose: mort ou mourant .
Claret: mort
Ives: mort.
Warren ou *Herbemont:* assez bien.
Jacquez (Laliman): assez bien.
Lenoir: vigoureux.
Taylor..... . faible, mais beaucoup de vigueur chez les pieds d'un an.

Je dois faire observer : 1° que le sol dans lequel ces cépages ont été plantés est *detestable* (c'est l'expression de M H. Aguillon). gravier calcaire, très-peu de terre végétale, 60 pour 100 carbonate de chaux; 2° que ces plants ont été mis *directement* à la place de vignes détruites par le phylloxera: il est vrai que ces vignes n'avaient que trois ans et que la terre était auparavant vierge de toute culture; 3° que le *Concord* ayant été reçu de M. Laliman, il reste pour nous le même doute qui plane sur toute cette collection où les dénominations fausses l'emportent sur les vraies; 4° le *Clinton* frappe toujours les novices par l'apparence *grêle* de ses sarments; en général, c'est un cépage des plus resistants au phylloxera.

par sa production abondante ; prend facilement de bouture et rapporte très-jeune.» (J. Berkmans.)

C'est surtout sur la foi de MM. Bush que j'admets ce cépage entre les *Labrusca* résistants. Ce que j'en ai vu, d'ailleurs, dans le vignoble de MM. Werck, à Cincinnati, confirme le témoignage de MM. Bush. (Voir ci-dessus, p 57.)

§ 1 *bis*. — *Vignes du groupe* Labrusca
que l'on dit résistantes, mais sur le compte desquelles je ne puis me prononcer encore.

1. Israella.— Semis de M. C. W. Grant, d'Iona, qui l'a donné comme le plus précoce des bons raisins et comme ne le cédant à cet égard qu'à son *Eumelan*. Riley (*Sixth Report*, p. 48) le place parmi les vignes résistantes. MM. Bush l'ont trouvé inférieur, comme qualité et comme précocité, à l'*Hartford prolific*. Ils supposent que c'est un semis de l'*Isabelle*, à laquelle il ressemble, disent-ils, par le port et par les caractères du fruit [1].

[1] « Bourgeonnement d'un roux clair, passant au rose foncé, puis au vert. Feuille grande ou très-grande, d'un vert un peu foncé, glabre supérieurement, garnie inférieurement d'un duvet lanugineux blanc, compact ; sinus supérieurs peu profonds, secondaires peu marqués ou nuls, pétiolaire peu ouvert, parfois fermé: pétiole long ou très-long, fort; grappe surmoyenne, un peu lâche ; pédoncule long, un peu grêle ; grain sphérico-ellipsoïde (je l'ai noté subarrondi, légèrement obovoïde), à pédicelle un peu long et un peu grêle; peau épaisse, résistante, d'un beau noir bleuâtre pruiné à la maturité, qui est de deuxième époque ; chair ferme, pulpeuse, saveur simple, s'approchant de celle des vignes d'Europe (sur les grappes envoyées par M. Pulliat, j'ai trouvé la pulpe demi-fondante, d'un goût acidule sucré, un peu *foxé*. moins pourtant que ne le ferait supposer l'odeur fortement framboisée des grappes) ; sarments forts. vigoureux, lisses, d'abord érigés, puis rampants. » (V. Pulliat, msc).

2. MARTHA. — Raisin blanc, semis de *Concord*. obtenu
par M. Samuel Miller, de Bluffton (Missouri). Riley le dit
résistant. Comme c'est une variété à introduire au moins
à titre d'essai, je traduis l'article que lui consacrent
MM. Bush : «La plus populaire parmi les variétés nouvelles. Grappe moyenne, plus petite que celle du *Concord*, modérément compacte, ailée. Grains moyens, arrondis, d'un blanc verdâtre, quelquefois avec une teinte
ambrée ; peau mince ; chair très-beurrée et d'une remarquable douceur, non mêlée d'acidité, sans saveur
vineuse, avec un peu de pulpe, ne contenant souvent
qu'une seule graine. Arome décidément *foxé;* mais ce
caractère est moins apparent au goût qu'à l'odorat, et
bien plus dans le fruit que dans le vin.

» La plante est très-saine et robuste, rappelant le *Concord*, bien qu'avec moins de force de végétation et avec
des feuilles d'un vert un peu plus clair. Très-productif;
grains tenant bien à la grappe. Maturité antérieure de
quelques jours à celle du *Concord*, rendant ainsi la variété apte aux localités septentrionales. Moût 85° à 92° au
saccharimètre (celui d'*Oechsle*, dont se servent les Américains), c'est-à-dire 10° de plus que le *Concord*.

» Le vin est d'une couleur paille clair, d'un goût délicat. En en mêlant par parties égales le moût à celui
du *Maxatawney*, M. Husmann en a fait un des meilleurs vins blancs d'Amérique que nous ayons goûté. »
(Isid. Bush, *Illustr. Catal.*, p. 36-7, avec figure en noir).

3. RENTZ. — « Variété obtenue à Cincinnati par feu
Sébastian Rentz, vigneron très-heureux dans ses gains.
On la dit égale, sinon supérieure, à l'*Ives*. Vigne très-
vigoureuse et très-saine de bois et de feuillage, très-productive, grappes grandes, compactes, très-souvent ailées.

Grains noirs, gros, arrondis ; pulpe un peu tenace et musquée, jus abondant et doux. Mûrit plutôt que l'*Ives* et fait un bon vin rouge. Peut être recommandée à ce titre, mais non comme raisin de table. Encore trop peu connue pour être prônée sans réserve. » (Isidor Bush.)

Le *Rentz* est placé parmi les variétés résistant au phylloxera. Les pieds plantés à Montpellier, dans le jardin Bazille-Leenhardt, sont vigoureux, mais n'ont l'insecte aux racines que depuis un ou deux ans. Je l'ai trop peu vu en Amérique pour avoir une opinion fondée sur sa résistance [1].

4. NORTH CAROLINA. — « Obtenu de semis par un vétéran de la pomologie, J.-B. Garber, de Columbia (Pensylvanie) : appartient au type de l'*Isabelle* et donne un joli raisin bon pour le marché. Grappes entre moyennes et grandes, quelquefois ailées, modérément compactes, de très-belle apparence ; grains ovales, gros, noirs avec une légère fleur bleuâtre ; chair tenace, mais douce ;

[1] Comme je transcrirai plus d'une fois des descriptions inédites de M. Pulliat, je dois expliquer, une fois pour toutes, certaines expressions adoptées par ce savant viticulteur. *Bourgeonnement* signifie l'état de la *jeune pousse*, des feuilles encore rudimentaires. L'époque de maturité est réglée d'après celle du chasselas de Fontainebleau pris pour terme de comparaison Mettant à part les raisins très-précoces, qu'il marque du chiffre 0 M. Pulliat appelle de première époque les raisins mûrissant cinq ou six jours, soit avant, soit après le chasselas ; de deuxième maturité, ceux qui mûrissent dix ou douze jours plus tard, et ainsi de suite jusqu'à la quatrième époque. Le mot *ailée* répond au mot *shouldered* (épaule) des Anglais et Américains, c'est-à-dire désigne une grappe ramifiée latéralement. Ceci dit, je donne, d'après M Pulliat, les caractères du *Rentz·*
Bourgeonnement roussâtre, duveteux, passant au rose lie de vin

peau épaisse. Ces grains tiennent bien à la rafle et arrivent au marché en bon état. Maturité précoce ; véraison précédant de quelques jours celle du *Concord*. Cépage d'une puissance de végétation énorme, robuste, sain et très-productif : demande à être taillé long et a avoir beaucoup à produire. Ceux qui savent s'y prendre peuvent en faire un bon vin, genre muscat. » (Isid. Bush.)

Mêmes remarques que pour le *Rentz ;* la plante est aussi en expérience au jardin Bazille-Leenhardt, à Montpellier.

5. DRACUT AMBER.— Trop *foxy* pour être recommandé comme raisin de table ou pour le vin ; mais les quelques pieds que j'en ai vus chez M. Gill, à Kirkwood (Missouri) avaient tant de vigueur, malgré les nodosités phylloxériques de leurs racines, que j'augure bien de la variété comme porte-greffe de nos vignes. Voici ce que Downing dit de ce cépage :

«Obtenu par J.-W. Manning, de Dracut (Massachus.); vigoureux et productif, du groupe des *Labrusca*. Grappes grandes, compactes, souvent ailées ; grain gros et

puis au vert. Feuille d'un vert pâle, moyenne, glabre et presque lisse supérieurement ou très-finement boursouflée, garnie inférieurement d'un duvet lanugineux roussâtre, très-court, assez compact ; sinus supérieurs marqués seulement par une dépression, sinus secondaires nuls, sinus pétiolaire fermé ou presque fermé ; pétiole assez long, un peu grêle, légèrement parsemé de poils ; denture fine, presque nulle, marquée seulement par les pointes ou mucrons qui terminent les nervures. Grappe moyenne, assez serrée, cylindrico-conique ; grains globuleux, moyens ; chair pulpeuse (c'est-à-dire à pulpe tenace), foxée (à goût de cassis), assez sucrée ; peau épaisse, résistante, d'un noir foncé. Deuxième époque (de maturité), Sarment un peu grêle, rampant, assez vigoureux.

rond (ceux que j'ai vus à Kirkwood étaient ellipsoïdes et d'un rose violacé); peau épaisse; chair tout à fait *épicée* (*pungent*) et foxée. Mûrit à peu près avec le Concord.

§ 11. — *Vignes du groupe des* Labrusca
qui souffrent plus ou moins du phylloxera

1. Isabèlla. —Variété longtemps populaire aux États-Unis et la seule qui, en dehors du *Catawba,* ait été connue de bonne heure en Europe. On la dit originaire de la Caroline du Sud ou de la Géorgie et d'abord signalée aux viticulteurs, vers 1818, par Mme Isabelle Gibbs, à qui elle a été dédiée. Par l'ensemble de ses caractères, elle appartient très-évidemment au groupe des *Labrusca;* mais le duvet de ses feuilles, plus lâche plus aranéeux, plus blanc que dans le *Labrusca* sauvage, la rapproche davantage du *Vitis araneosa*[1] de Le Conte, lequel, du reste, à en juger d'après un brin d'échantillon donné par l'auteur à feu G. Durand, n'est probablement qu'une forme de *Labrusca* à feuilles plus membraneuses et moins duveteuses.

Cultivée surtout comme raisin de table, principale-

[1] Pour le lecteur qui ne se procurerait pas aisément le *Patent Office Report* pour 1857, où se trouve l'article du major Le Conte sur les vignes, je traduis ici ce qui se rapporte au *Vitis araneosa* :

Tige moyennement grande et haute, feuilles grandes, cordées, anguleuses, sublobées, entières ou à trois ou cinq lobes, acuminées, dentées (à dents submucronées), glabres en dessus, munies en dessous de villosités arachnoïdes, plus ou moins ferrugineuses, sur les vieilles feuilles Cette villosité se condense en petites touffes ou nœuds et disparaît souvent avec l'âge, quoique très-dense et très-serrée sur les très-jeunes feuilles. Grappes denses; grains de grosseur moyenne (de 15 millim de diamètre), noires, très-souvent douces et agréables, quelquefois un peu acides. On trouve fréquemment des

ment dans les États du Nord-Est, l'*Isabelle* s'est montrée de plus en plus exposée à des causes multiples de dépérissement qui lui ont peu à peu fait substituer, en Amérique, des cépages plus vigoureux et préférables comme qualité. On sait, en effet, combien la saveur et l'arome spécial des *Fox Grapes* est développée chez cette variété. Qu'on le compare au cassis ou à la framboise, toujours est-il que cet arome déplait à la plupart des palais et que, trop prononcé dans le vin, il constitue un bouquet trop accentué. Ce défaut, du reste, bien moins sensible aux Américains qu'aux Européens, n'aurait pas fait abandonner la culture de l'*Isabelle*, si le *rot*, d'une part, et, d'autre part, un mal inconnu, n'avaient compromis de plus en plus les récoltes de ce raisin. Ce mal inconnu est, d'après Riley, le phylloxera. Les observations faites en Europe confirment à cet égard celles qu'on a pu faire en Amérique : dans deux milieux phylloxerés, l'enclos de M. Laliman, à Bordeaux, celui de M. Borty, à Roquemaure, tous les plants d'*Isabelle* ont péri, tandis que des *Æstivalis*, des *Cordifolia,* bravaient les attaques de l'insecte. Ce que j'ai vu dans mon voyage aux Etats-Unis est concordant avec ces faits, en ce sens, du moins, que l'*Isabelle*'n'y vit plus que d'une vie précaire.

feuilles de 20 centim. de long sur autant de large. L'espèce est. très-digne d'être cultivée. On la connaît sous le nom de *Fox Grape* Je l'ai vue très-abondante près d'Athens, dans la partie élevée de la Géorgie. »

Bien que Le Conte ne mentionne pas le goût *foxé* des raisins, le nom même de *Fox Grape* et l'ensemble de la description prouve qu'il s'agit d'un Labrusca ; d'ailleurs son échantillon, bien que très-imparfait, montre sur ses feuilles des restes d'un duvet aranéeux, qui n'est ni celui des *Æstivalis* (à poils rameux ou étoilés courts), ni celui des *Cordifolia*, à poils la plupart simples. C'est un type qu'il faudrait tâcher de retrouver et d'étudier sur le vivant, en le comparant à l'*Isabella* et au *Catawba*, que je soupçonne en être dérivés

Dans les parties de l'Europe non infectées du phyl
loxera, l'*Isabelle* continue à prospérer. A Florence, par
exemple, M. le marquis de Ridolfi la cultive par hectares
et en vend le vin presque aussi bien que celui des cépages ordinaires de Toscane ; sur les bords du lac Ma-
jeur, on arrache les cépages du pays, infestés d'*oïdium*,
pour leur substituer l'*Isabelle*, dont les raisins échappent
à cette cryptogame. Mais, en pays phylloxeré, nous ne
pouvons compter, je suppose, sur ce cépage ni comme
porte-greffe des nôtres, ni pour la culture directe, bien
que son vin, convenablement traité et fait en blanc, ne
garde du goût *foxy* qu'une nuance qui le rend agréable[1].
Cazalis-Allut, d'accord avec feu le marquis de Ridolfi
(que cite M. Laliman), assure que l'*Isabelle*, greffée sur
nos cépages, a perdu ce que son goût de framboise avait
de trop marqué et est devenue délicate et fort agréable à manger. Je rapporte l'assertion, sans vouloir discuter ce point délicat et controversé de physiologie végétale.

L'*Isabelle* a produit en Amérique un grand nombre de
sous-variétés, dont on trouvera les noms dans Downing. M. Laliman[2] parle d'une *Isabelle blanche* venue
d'Amérique. M. Pulliat vient de m'envoyer, sous le nom
d'*Isabelle blanche*, hybride de *Tourrès*, un raisin blanc, à
grappes allongées, à grains ellipsoïdes, d'un vert jaunâtre, couvert d'une très-fine fleur glaucescente, à saveur acide sucrée, sans trace d'arome. Rien n'indique
dans ce raisin la trace de l'*Isabelle*, sauf peut-être un
peu de tenacité dans la pulpe.

[1] Voir, à cet égard : Cazalis-Allut. *Œuvres agricoles*, in-8°, 1845.
Paris, pag. 43-44.

[2] Dans une brochure intitulée : *Taille de la vigne à cordons, et
vignes et vins etrangers*, etc. Paris, 1863.

L'*Isabelle* ne figure pas dans le Catalogue des frères Audibert, de Tonnelle, près Tarascon, publié en 1817. Cazalis-Allut l'a cultivée à Montpellier dès 1832.

2. CATAWBA. — C'est encore un des raisins de ce groupe qui ont été connus de bonne heure en Europe; mais, quoique d'origine récente même en Amérique, l'histoire de sa découverte n'est pas parfaitement élucidée. D'après Strong (*Culture of the Grape*, pag. 331), le major John Adlum, de Georgetown, aurait trouvé ce cépage, vers 1820, dans le jardin d'une dame Schell, dans le Maryland, et en aurait constaté la ressemblance avec une variété de vigne sauvage du même Etat, appelée par lui *Red Muncy*[1]. Mais le nom de *Catawba* lui vient d'une rivière de la Caroline du Nord, le long de laquelle on l'aurait observé à l'état sauvage[2], comme on l'aurait vu du reste, plus tard, en Pensylvanie et dans l'Arkansas.

De ces témoignages, que l'on voudrait plus précis, le fait qui se dégage en gros, c'est que la variété en question, remontant dans la culture à soixante ans à peine, est représentée çà et là dans les bois par des for-

[1] D'après feu N Longworth, cité par M. Rob Buchanan, cette découverte aurait été faite par le major Adlum, dans le jardin d'un Allemand, à Washington même, *quelque vingt-cinq ans avant* le 16 juillet 1849 (date de la lettre de Longworth), ce qui ne se porterait qu'à l'année 1824. Or, la notice du major Adlum étant de 1823, j'aime mieux croire à la date de 1820, donnée par Strong.

[2] Ce fait résulterait d'une lettre reçue, vers 1849, par Longworth, d'un M. Alves, de Henderson (Kentucky), qui, natif de la Caroline du Nord, aurait entendu parler, dans la partie haute de ce pays, vers 1809, du *Catawba* récemment découvert le long de la rivière de ce nom. D'après le docteur Mosher, qui précise davantage, le *Catawba* aurait été trouvé, en 1802, par le colonel Murray et d'au- es, dans le comté de Buncombe (Caroline du Nord) par le 35°30 de latitude.

mes d'une vigne sauvage rentrant dans le groupe *La-brusca*, et que je croirais volontiers être le *Vitis araneosa* de Le Conte. Le *Catawba*, en effet, est la variété de *Labrusca* dont le duvet des feuilles est le plus clair et laisse le mieux voir le fond vert pâle de la face inférieure de feuilles. Cette demi-glabrescence des feuilles adultes, la couleur rouge lilas de ses raisins, leur peau, relativement mince, couverte d'une fleur délicate, la pulpe bien plus fondante, le goût *foxy* bien plus délicat, tout cela caractérise ce cépage et lui fait une place à part des autres *Labrusca*. C'est sa culture en grand, dans l'Ohio surtout qui marque la phase la plus prospère de la viticulture américaine, et cette culture, étendue de Cincinnati vers les régions plus septentrionales du lac Erié et du *Steuben county* (Etat de New-York), serait encore la source d'énormes profits pour ces contrées, si des échecs répetés de récoltes et même un déclin graduel dans l'état des vignes ne compromettaient de plus en plus l'avenir de cette culture. En faisant dans ces pertes de récolte la part du *rot,* maladie en quelque sorte accidentelle, il reste au dépérissement plus ou moins rapide, mais en général progressif, des vignes, une cause permanente dont l'intensité va s'accroissant. Or cette cause, dans l'idée de Riley, n'est autre que le phylloxera ; à cet égard, ma conviction est complète. Tout ce que j'ai vu aux Etats-Unis, notamment à Webster, près St-Louis, à l'île Kelley, prouve que, mis aux prises avec le phylloxera, le *Catawba* souffre, décline, cesse parfois d'être rémunérateur; tandis que des cépages plus robustes, *Concord, Norton's Virginia, Clinton,* se montrent à côté luxuriants. Les faits de ce genre, consignés avec détail dans mon rapport, aboutissent tous à la même conclusion générale : la faiblesse *relative* du *Catawba* et l'avan-

qu'il y aurait peut-être, pour les Américains eux-mêmes, à greffer sur des variétés plus robustes ce cépage délicat et précieux.

Pour nous, aucun intérêt ne nous force à multiplier le *Catawba*. Nous devons, au contraire, lui préférer des cépages résistants, soit pour la culture directe, soit comme porte-greffes.

3. Iona [1]. — Très-jolie variété, relativement récente. obtenue d'un semis de *Catawba*, par M. C.-W. Grant, d'Iona. Malheureusement, tout ce que j'en ai vu me la fait regarder comme délicate et non résistante au phylloxera.

4. Diana. — Semis de *Catawba,* obtenu vers 1840, par Mme Diana Crehore, de Boston. Beau raisin d'un rouge pâle, à pruine lilas, remarquable par l'épaisseur de sa peau, qui permet de le conserver longtemps, même en plein air. Je crois la plante sensible à l'action du phylloxera. M. Fuller fait déjà remarquer combien elle varie de vigueur suivant les pieds, et cela dans le même jardin. Je ne puis rien dire du *Diana Hamburg,* très-beau

[1] « Bourgeonnement roux rosé, duveteux, passant à la teinte rose foncé, puis au vert. Feuille surmoyenne ou grande, glabre supérieurement, garnie inférieurement d'un duvet lanugineux, assez compact entre les nervures ; sinus supérieurs profonds, les secondaires (latéraux) bien marqués, celui du pétiole ouvert ; pétiole long ou très-long, fort : dents très-larges, peu profondes, bien obtuses, courtement mucronées. Grappe moyenne, à peu près cylindrique, un peu serrée, quelquefois un peu ailée, allongée ; pédoncule long, grêle ; grain à peu près globuleux ; pédicelle assez long, un peu grêle, peau d'un beau rouge pruiné à la maturité, épaisse, résistante ; chair pulpeuse, ferme, sucrée, à saveur foxée assez agréable. Sarments assez forts, traînants ; mérithalles moyens. » (V. Pulliat, msc.).

raisin, supposé obtenu par hybridation entre le *Black Hamburg* (raisin d'Europe) et le *Diana*.

§ 3. — *Vignes du groupe des* Labrusca
dont le degré de résistance ou de non-résistance au phylloxera
ne m'est pas connu

Adirondac. — Variété récente (1852), probablement semis de l'*Isabelle*. Très-bon raisin, mais plante délicate et poussant avec peine. (Figuré en noir dans Downing, *l. c.*, p. 529.)

Anna. — Raisin blanc, donnant un bon vin ; mais la plante est faible et pousse mal. Le cépage reçu sous ce nom par M. Pulliat, ayant des grains noirs, doit être une autre variété.

Amanda. — Grappes moyennes, compactes ; grains moyens, arrondis, d'un rouge pâle. Bonne qualité ; mûrit de bonne heure et s'annonce bien.

Alexander's ou Alexander. — (Synonymes, d'après Downing : *Schuylkill Muscadel* ou *Muscadine, Cape Grape, Springmill Constantia, Clifton's Constantia, Madeira of York, Pennsylv? Tasker's Grape, Winne, Schuylkill Madeira, Constantia, Black Cape, York Lisbon, Vevay, Rothrock of Prince.)*
« Cette variété, venue d'un semis naturel, écrit Downing (*Fruits and fruit Trees*, etc., p. 528), fut primitivement découverte par Alexandre, jardinier du gouverneur Penn, avant la guerre de la Révolution (c'est-à-dire avant 1764). On la trouve assez souvent comme semis

issu du *Fox Grape* ou *Labrusca* sauvage, sur la lisière de nos bois.

» Grappes assez compactes ; grains de grosseur moyenne, ovales arrondis ; peau épaisse, tout à fait noire ; chair avec une pulpe très-ferme, mais juteuse, un peu âpre. Octobre. »

« Le *White Cape* (vigne du Cap blanche) ne diffère du type en question que par la couleur de ses raisins, qui est d'un blanc verdâtre.

» Chair (de l'*Alexander*) très-ferme, avec une pulpe tenace, douce, mais tout à fait *foxy*. Feuilles ressemblant à celles du *Vitis labrusca* sauvage. » (Fuller.)

J'emprunte à des auteurs américains la description succincte de cette variété, parce qu'elle est aujourd'hui à peu près absente des cultures, après y avoir été long-temps la principale et presque la seule. C'est, en effet, par cette variété si dédaignée que le fondateur de la viti-culture américaine, un Suisse, John-James Dufour, inau-gura, vers 1805, la culture un peu en grand de la vigne aux États-Unis. Le nom de *Schuylkill*, donné parfois à ce cépage, est celui du fleuve de Pennsylvanie sur les bords duquel on l'avait trouvé sauvage. Les noms plus ambitieux de *Cape Grape*, de *Constantia* (raisin du Cap ou de Constance), reposaient sur l'idée fausse que c'était une vigne européo-asiatique, analogue, sinon identique, au cépage célèbre du cru de Constance, au cap de Bonne-Espérance. La petite colonie suisse de Vevay (In-diana), qui vit quelque temps prospérer ce cépage, dut bientôt en abandonner la culture. Aujourd'hui, l'*Alexan-der* ou *Cape* n'est plus qu'un souvenir presque effacé. Quelle part le phylloxera a-t-il eue dans cet échec ? C'est ce qu'il m'est impossible d'apprécier.

Dans le catalogue des frères Audibert, de Tonelle

(Tarascon). de 1838, ce cépage figure sous le nom de *Vitis Alexanderi* (pour *Alexandri*).

ALBINO.—«A fruits blancs, infertile ; acide, malingre de croissance. » (Berckmans.)

AUGUST PIONEER.—Origine inconnue, une des variétés indigènes les plus grossières, mais vigueur remarquable. (Downing, Berckmans.)

BARNES. — Nouveauté, gros grains noirs ; assez hâtif, assez bon, mais goût peu relevé. (Berckm.)

BLACK HAWK.— « Énorme fruit noir, de qualité très-inférieure, sans aucun mérite. » (Berckm.) M. Husmann, cité par MM. Bush, le déclare supérieur au *Concord*.

BLAND. (Synonym. d'après Downing : *Bland's Virginia, Bland's pale red, Bland's Madeira, Powell ; Scuppernong rouge* de quelques auteurs, mais non le vrai *Scuppernong*). Grappes fortes ; grains gros, rose foncé ; pulpe presque fondante; eau vineuse, sucrée et d'un bon arome. Si le feuillage tombe avant la maturité, le fruit devient parfois astringent. Variété très-ancienne, d'un grand mérite comme vin, mais qui semble entièrement abandonnée et perdue (Berckmans). C'est le *Vitis blanda* de Rafinesque ; on pourrait prendre *blanda* pour un adjectif, tandis que *Bland's* veut dire du colonel Bland, qui découvrit ce type sur la côte orientale de la Virginie.

BLOOD'S BLACK. — « Variété à gros fruits, à goût de cassis, inférieure sous tous les rapports. » (Berckm.)

MM. Bush le déclarent précoce, productif et bon pour le marché.

BLOOD'S WHITE.—Même observation que pour la précédente.

BLUE IMPERIAL. — Variété inférieure. (Berckm.)

BROWN. — Ressemblant à l'*Isabelle* et mûrissant à la même époque.

CASSADY.—Né par hasard dans le jardin de M.P. Cassady, à Philadelphie. M. Berckmans le déclare fade et mauvais. MM. Bush, tout en accordant qu'il ne pousse pas très-vite en bois et qu'il craint les expositions du sud et du sud-ouest, en parlent comme d'un cépage extraordinairement productif, dont les raisins, d'un vert pâle pruiné, passant au jaune par la maturation, ont donné à M. Husmann un vin blanc que les connaisseurs pourraient prendre pour du *Pfœlzer*, et même pour du vin du Rhin. Poids spécifique du moût, 80° à 96°. Vin d'une belle couleur d'or, corsé et d'un bouquet délicieux· MM. Bush recommandent d'essayer ce cépage dans des sols profonds, riches et sablonneux, à des expositions nord-est'et nord. L'*Arrot,* disent-ils, ressemble au *Cassady,* mais n'est pas aussi bon.

Je cite ces opinions contradictoires, non pour mettre en doute l'autorité ou la sincérité de leurs auteurs, mais pour prouver que, s'ils ont eu la même variété en vue, les conditions de croissance ou d'autres circonstances ont·pu modifier diversement le plant en question.

CHRISTINE, de Fuller (non pas de Laliman, laquelle est

un *Æstivalis*).— Synon. *Telegraph* de Downing. « Raisin gros, noir, *un peu foxé*, tout à fait précoce. De Philadelphie.» (Fuller, *the Grape Culturist*, p. 238.) Tels sont les maigres renseignements que je trouve sur cette variété On ne pourrait pas même en induire, d'une manière certaine, que c'est un *Labrusca*; car le mot *gros (large)*, employé par M. Fuller, s'applique au raisin, « *large grape* », et non aux grains. Cependant je trouve dans mes notes prises à Washington : «*Christine* ou *Telegraph*, groupe des *Labrusca*.» La confusion au sujet de ce cépage vient de ce qu'on lui donne habituellement comme synonyme le *Telegraph*, dont il sera question plus loin, et qui est sûrement un *Æstivalis*. C'est à ce *Telegraph* que se rapporte notamment la *Christine* de M. Laliman, c'est-à-dire le cépage dont ce viticulteur a constaté de bonne heure la résistance au phylloxera. Quant au *Telegraph* de Downing, donné comme synonyme de *Christine*, c'est bien évidemment un *Labrusca*, ainsi que la chose ressort de la description suivante, plus-complète que celle de Fuller: « Grappe entre surmoyenne et grosse, compacte ; grains *gros*, arrondis, noirs ; chair juteuse, sans pulpe, semblable pour la qualité au *Hartford prolific*.

» Variété trouvée dans une cour de ferme, en Pennsylvanie. Vigne robuste et vigoureuse. Fruit d'assez bonne qualité, mûrissant de bonne heure, ou à peu près en même temps que le *Hartford prolific*.» (Downing, *Fruits and fruit Trees*, p. 556.)

COTTAGE. — Semis récent du *Concord*, mûrissant, dit M. Bull, deux semaines avant le *Concord*.

A l'occasion de cette variété, MM. Bush citent le passage suivant de l'*United States agricultural Report*, février 1867. Je traduis le passage, non pour en adopter les conclusions empreintes d'exagération, mais pour montrer comment un viticulteur connu a procédé pour obtenir des variétés nouvelles, notamment le *Concord,* par semis successifs et sélection.

« M. E.-W. Bull, de Concord (Massachussets), dans ses efforts heureux pour améliorer nos cépages, commença par semer les graines d'une vigne sauvage (*Vitis labrusca*), dont il obtint de jeunes plants. Il sema alors les graines de ce dernier, et en obtint d'autres, parmi lesquels le *Concord;* il éleva alors 2,000 pieds de semis avant d'en trouver un qui surpassât le *Concord.* A la quatrième génération, c'est-à-dire avec les petits-fils du *Concord,* il obtint des variétés bien supérieures à cette variété et presque égales à la vigne européenne (mais à quelles variétés de nos vignes ?). Il ne semble pas douteux que, conformément à l'idée de M. Bull, notre vigne sauvage peut, en peu de générations, être amenée à égaler en qualité la vigne d'Europe. »

CREVELING. — (Synonymes : *Catawissa-Bloom, Columbia County, Bloomburg Laura Beverly?* d'après Downing.) De Pennsylvanie. Grappes longues et lâches sur les jeunes sujets, mais devenant parfois sur les vieux aussi compactes que le *Concord.* Grains entre moyens et gros, légèrement ovales, noirs, avec une fleur bleuâtre; chair tendre, juteuse et douce, qualité supérieure. Mûrit de bonne heure, quelques jours après le *Hartford* et avant le *Concord.* Plante de belle croissance, saine et robuste : on peut l'espacer de six pieds (anglais) en tous sens, à des expositions du nord et du nord-ouest. Ce raisin monte de plus en plus en faveur et n'est pas encore estimé à son prix. M. Husmann dit qu'il fait un *claret* délicieux, intermédiaire pour le corps entre *Concord* et le *Norton* et supérieur aux deux en bouquet. Moût, 88°. (Isid. Bush.)

Cuyahoga. — Semis accidentel, élevé par M. Wemple, de Collamer, Cuyahoga county (Ohio). Végétation forte, mais demandant un sol sablonneux et une exposition chaude pour acquérir ses qualités dans le Nord : bien venu, il est de bonne qualité. Dans le Sud, il perd son feuillage et n'a pas de valeur.

Grappe moyenne, compacte; grains moyens, d'une couleur vert mat, passant à l'ambré par la maturation complète ; chair tendre, juteuse, riche, vineuse, douce ; mûrit avec le *Catawba* ou un peu plus tard. (Downing.)

Le *Cuyahoga* de la collection Pulliat, autant qu'on peut en juger par les feuilles, n'est pas autre chose que le *Camby's Augusta*, synonyme du *York's Madeira*.

Eumelan (*Good Black*, Beau Noir), C.-W. Grant.— Semis accidentel, longtemps cultivé dans le jardin d'une dame Thorne, à Fishkill (New-York), où il produisait en abondance des raisins remarquables pour leur qualité et leur précocité. Mis dans le commerce, vers 1868, par M. Grant, avec un prospectus plein de témoignages élogieux et appuyé d'un dessin en noir (reproduit par MM. Bush), ce cépage est reconnu généralement pour vigoureux et d'une qualité remarquable. « Très-bon, fertile et excessivement vigoureux », dit M. Berckmans, d'Augusta (Géorgie). C'est peut-être du froid qu'avaient péri en partie les pieds que j'ai vus chez M. Fuller, en septembre 1873.

« Grappes volumineuses, de forme élégante et serrées au degré voulu. Grains gros, noirs, avec une belle fleur, longtemps adhérents à la rafle ; chair tendre, fondant en eau vineuse sous la moindre pression. Maturité précoce, plus même que celle du *Hartford*. Saveur pure et délicate, sucrée, riche et vineuse, avec une nuance de cette fraîcheur qui recommande les meilleurs raisins d'Europe.

» La plante pousse vigoureusement, donnant un bois à joints remarquablement courts ; feuilles grandes, épaisses, d'un vert intense, formes et texture rappelant celles de l'*Elsinburg*. Elle promet d'être très-robuste, très-saine et très-précoce. » (Bush.)

Hartford prolific. — Le raisin précoce par excellence. Gagné par M. Steel, de Hartford (Connecticut), vers 1849. Connu aujourd'hui et planté en grand comme variété très-prolifique et très-précoce pour le marché. Mûrit près de Saint-Louis, de bonne heure, en août. Quoique meilleur dans le Missouri que dans l'Est, où ses grains s'égrappent facilement, c'est encore un raisin assez pauvre comme qualité; mais la plante est vigoureuse, robuste, et donne d'immenses récoltes. Grappes grandes, ailées, assez compactes; grains ronds, d'une bonne moyenne comme grosseur, noirs ; chair à pulpe tenace, juteuse, manifestement foxée. On peut en faire un vin passable, mais nous ne le recommandons pas à ce point de vue, mais bien comme raisin de marché, à cause de sa précocité et de sa fertilité ; encore est-il à cet égard inférieur au *Creveling*. » (Bush.)

M. Berckmans dit du même cépage : « Très-bon, mais s'égrappant à la maturité, qui est très-précoce. Très-estimé et fait un bon vin. »

J'ai cité les faits qui me font douter de la résistance de ce cépage au phylloxera ; mais l'expérience seule devra prononcer là-dessus.

Hine. — Semis de *Catawba*, obtenu par M. Gaston Brown, de Put-in-Bay (lac Érié, Ohio). Grappe figurée en noir par MM. Bush. Acquisition toute récente et primée comme nouveauté, mais demandant à être jugée après expérience. L'idée que ce pourrait être un métis entre le *Catawba* et l'*Isabelle* donne à MM. Bush peu de confiance en sa résistance au phylloxera.

Logan. — Sauvageon pris dans l'Ohio. D'abord recommandé comme préférable à l'*Isabelle*, aujourd'hui plus déchu que l'*Isabelle* même. Plante à pousses grêles, précoce, productive [1]. Il paraît qu'on vend souvent le *Logan* pour la variété *Christine (Labrusca)* ou pour le *Telegraph (Æstivalis)*.

Lydia. — Semis accidentel (de l'*Isabelle*, on suppose), élevé par M. Charles Carpenter, de Kelley island (lac Érié.) Grappes grosses ; grains volumineux, ovales, d'un vert clair, teinté de saumon du côté qu'a touché le soleil; peau épaisse ; pulpe tendre, douce, agréablement parfumée, légèrement vineuse. Port et végétation rappelant assez l'*Isabelle*, mais fertilité moindre. Beau cépage, de bonne qualité, mais sujet au *mildew*. Mûrit quelques jours après le *Delaware*. (Bush.)

[1] « Bourgeonnement roux clair, duveteux, passant au rose fortement violacé, puis au vert. Feuille moyenne, glabre, supérieurement épaisse, garnie inférieurement d'un duvet lanugineux compact: sinus supérieurs profonds. les secondaires marqués, celui du pétiole ouvert ; dents peu profondes, inégales, assez larges, finement acuminées ; pétiole long, assez fort, ordinairement violacé. Grappe cylindrico-conique, moyenne ou sous-moyenne; pédicelle moyen, grêle; grain surmoyen, ovoïde, s'atténuant à son point d'insertion sur le pédicelle ; peau épaisse, résistante, d'un beau noir pruiné ; chair sucrée, parfumée, agréable, d'une légère saveur foxée Première époque de maturité. » (V. Pulliat, msc.)

J'en ai vu, chez M. Carpenter, toute une rangée de misérables et quelques-unes mortes : cela promet peu pour sa résistance ou phylloxera.　　　　　.

Maxatawney. — Semis accidentel élevé à Eagleville, comté de Montgomery (Pennsylvanie), et signalé en 1858. « *Notre raisin blanc favori.* »(Bush.) Grappe moyenne, longue, compacte, d'habitude non ailée ; grains surmoyens, oblongs, d'un jaune pâle, avec une légère teinte ambrée du côté touché par le soleil ; chair tendre, sans pulpe, douce et délicieuse, agréablement parfumée, avec peu de pepins. Qualité excellente, et pour la table, et pour le vin. Mûrit un peu tard pour les localités du Nord ; mais là où il atteint sa maturité complète, comme dans le Missouri, c'est un de nos meilleurs raisins blancs indigènes, rappelant beaucoup le *Chasselas* blanc. Plante très-vigoureuse et robuste, ne demandant aucune protection l'hiver. Feuilles grandes et profondément lobées, échappant entièrement aux maladies (probablement du *mildew* et du *rot*). Moût, 82°. Peut faire du vin blanc délicat, sans addition de sucre [1]. » (Bush.)

Classé parmi les *Labrusca,* sur la foi de M. Berckmans. Appartient-il bien à ce type ? Riley le range parmi les cépages qui souffrent plus ou moins du phylloxera.

---

[1] Bourgeonnement roux foncé, duveteux, passant au gris violacé, puis au vert. Feuille surmoyenne ou grande, un peu boursouflée ; glabre supérieurement, garnie inférieurement d'un duvet pileux fin et très-léger, poils courts et rudes sur les nervures inférieures ; pétiole long, fort, un peu hispide ; sinus supérieurs profonds, secondaires marqués, pétiolaire ouvert. Grappe moyenne, un peu ailée, assez longue, assez serrée ; grains moyens, oblongs ou ellipsoïdes, d'un jaune paille à la maturité, qui est de troisième époque. Chair un peu juteuse, un peu sucrée, assez agréable. Sarments assez forts, vigoureux, rampants ; entre-nœuds longs, vrilles longues et grêles. (V. Pulliat, msc.)

Miles. —Originaire du comté de Westchester (Penn-sylvanie). C'est un *Labrusca* par les feuilles, et presque un *Æstivalis* par le fruit, chez lequel le goût foxé est à peine marqué. Remarquable par sa précocité et par le goût très-vineux de ses raisins. M. Berckmans le dit de vigueur moyenne et peu fertile ; MM. Bush, dans une lettre à M. Jules Leenhardt, le donnent comme très-sensible au phylloxera [1].

North America. —« Grappe petite ; grains noirs, peu pulpeux et sans goût de cassis. Hâtif, sans signe de *rot ;* peu fertile et peu connu. » (Berckmans.)

Perkins. —« Le vrai Perkins, tel que nous l'avons, est un raisin de valeur, surtout comme primeur pour le mar-ché. Grappes fortes, ailées, compactes ; grains moyens, oblongs, souvent aplatis par leur pression mutuelle, d'une belle couleur lilas pâle à maturité ; chair douce, juteuse, mais un peu foxée ; peau épaisse. Mûrit quelques jours après le *Hartford prolific,* et avant le *Delaware.* Plante de croissance vigoureuse, saine et productive. » (Bush.)

Rebecca. —« Semis accidentel trouvé dans le jardin de

---

[1] « Bourgeonnement d'un roux clair, duveteux, passant au rose violacé, puis au vert. Feuilles moyennes, glabres supérieurement, garnies inférieurement d un duvet lanugineux compact ; sinus supé-rieurs profonds ou bien marqués, secondaires à peu près nuls, pétio-laire ouvert ; pétiole long, assez fort, un peu duveteux. Sarment un peu grêle et cependant vigoureux, longuement rampant. Grappe petite ou sous-moyenne, cylindrique ou cylindrico-conique ; pédon-cule de moyenne longueur, un peu grêle, quelquefois un peu du-veteux ; grains sous-moyens, ellipsoïdes, d'un beau noir pruiné ; pédicelle assez long, de moyenne force ; chair un peu pulpeuse, sucrée, légèrement *foxée*, plus agréablement que l'*Isabelle ;* peau épaisse, riche en matière colorante ; pinceau blanc.

M. E.-M. Peake, d'Hudson (New-York). C'est un de nos plus jolis raisins blancs, mais malheureusement très-sensible à l'hiver, sujet au *mildew*, de faible croissance, imparfait de feuillage et non productif. Contre des murs bien exposés au sud, à de bons abris, dans un bon sol et grâce à une bonne culture, il a bien réussi chez nous et a donné les raisins blancs les plus délicieux. Grappes moyennes, compactes, non ailées; grains obovés, à peau mince, d'un vert pâle, teinté de jaune ou d'ambre clair à maturité parfaite, couverts d'une fleur fine et blanchâtre ; chair tendre, juteuse, dépourvue de pulpe, douce, avec un parfum particulier et délicieux, différent de tout autre ; graines petites. Feuilles à peine de grandeur moyenne, très-profondément lobées et à dents aiguës. Plante bonne seulement pour les cultures d'amateur. » (Bush.)

C'est la variété que j'ai vue à Kirkwood, chez M. Gill, sous le nom de *White Malaga,* et dont j'ai constaté l'état de vigueur très-variable, soit à l'état de pied franc, soit à l'état de greffe sur *Concord.* (Voir ci-dessus.)

TOKALON. (*Le Beau, Beautiful, Winan, Carter, Spofford seedling*). — « Obtenu par le Dr Spofford, de Lansinburgh (New-York). Plante vigoureuse, robuste et fertile, mais sujette au *rot* et mûrissant difficilement. Grappes fortes, ailées ; grains ovales ou obovales, très-noirs et très-pruineux. Le fruit bien mûr est très-doux, butyreux, sans mélange de goût *foxy* dans son arome et avec peu de ténacité ou d'acidité dans la pulpe. Mûrit un peu plus tôt que le *Concord.* » (Downing.)

UNDERHILL'S SEEDLING. — Obtenu à Charlton, Saratoga (New-York), par le Dr A.-K. Underhill. « C'est, dit Downing, un *Labrusca* perfectionné, à raisins gros et d'un bel effet. Les jugements sont partagés sur sa valeur.» « Grappes entre moyennes et grandes, modérément compactes ; grains moyens, arrondis, de la couleur du *Catawba ;* pulpe tendre, douce, riche et vineuse, légèrement foxée. Maturité précoce, à peu près comme celle du *Concord*. Plante vigoureuse, robuste, saine et productive. Pas encore assez mise à l'essai. » (Bush.)

Una.—Variété de semis obtenue par M. E.-W. Bull, le même qui a créé le *Concord*. Baies d'un blanc pur, passant à l'ambre doré. Maturité plus précoce que chez le *Concord*. Encore peu connue. (Downing, Bush.)

Union Village.— (Synon. *Shaker, Ontario, Imitation Hamburgh*.) « Supposé né parmi les Shakers (secte religieuse) du village de l Union, dans l'Ohio. Un des plus gros raisins de l'Amérique et une des vignes les plus vigoureuses comme croissance. On dit que c'est un semis d'*Isabelle*, à peine supérieur au type en qualité, mais à grappes et à grains égalant en dimension le *Black Hamburg*. Grappes fortes, compactes, ailées; grains très-gros, noirs, oblongs ; peau fine, pruinée ; chair tout à fait douce à maturité complète et de qualité assez bonne ; maturité tardive. Plante poussant beaucoup de bois, mais tendre au froid et demandant à être protégée contre les hivers rudes; souvent mal portante. » (Bush.)

Venango ou Miner's seedling. (Buchanan écrit *Minor's seedling*, et Husmann *Minor seedling*). — « Vieille variété que l'on dit avoir été cultivée par les Français, au fort Venango, sur la rivière Alleghany, vers la fin du XVIIIe siècle. Grappe moyenne, compacte ; grains su-

permoyens. ronds, souvent aplatis par leur pression
mutuelle, d'une couleur rouge pâle (lilas), avec une
fleur blanchâtre ; peau épaisse ; chair douce, mais à
pulpe tenace et foxée. Plante très-saine, robuste et productive.» (Downing, Bush.)

WILMINGTON.—« Né dans le domaine de M. Jeffries,
à Wilmington (Delaware). Plante très-vigoureuse, robuste. Grappes grandes, lâches, quelquefois ailées ;
grains gros, ronds, tendant vers l'ovale, d'un blanc verdâtre ou jaunâtre à maturité ; chair acide, piquante ;
maturité tardive. Peu désirable pour les États du Nord ;
ferait peut-être mieux dans le Sud. » (Downing.)

YORK MADEIRA. (Synon. *Canby's August, Black German,
Wolfe, Large German, Small German, Monteith, Marion
Port, German Wine, Tryon*, d'après Downing. — *Hyde's
Eliza*, d'après M. Berckmans.)— « Ancienne variété appelée quelquefois *Canby's August*. On la suppose originaire du comté d'York, en Pennsylvanie Plante rustique
(*hardy*), à nœuds courts, modérément vigoureuse et productive, aujourd'hui peu estimée. Grappe moyenne, compacte, ailée ; grains moyens, arrondis, noirs, doux, pi-
quants, agréables. Véraison précoce, mais maturité un
peu plus tardive que celle de l'*Isabelle*. » (Downing.)
Le nom de cette variété figure dans le catalogue des
frères Audibert, de Tonelle, près Tarascon, à la date
de 1838 ; elle existe également dans la collection de
M. Sahut, où ses raisins étaient mûrs le 19 août 1871
(j'en ai noté alors le goût foxé). M. Laliman me l'avait
envoyée déjà le 16 septembre 1870, avec la note suivante: «Nº 1, *Æstivalis*, avec deux grains noirs, pris par
erreur pour du *Clinton ;* beaucoup de galles, *très-vigou-*

reux. Nom propre inconnu. » J'en ai un échantillon du jardin même de M. Laliman, avec le vrai nom de *York Madeira*. Dans la collection de M. Pulliat, à Chiroubles, elle existe aussi sous deux noms, dont M. Pulliat a reconnu le double emploi ou, si l'on veut, établi la synonymie, savoir : le nom de *Canby's August* (par erreur *Augusta*), sous lequel la plante est assez connue aux État-Unis; et sous le nom de *Vorlington,* sous lequel M. Pulliat l'a reçue de la collection du comte Odart. Comme le nom de *Vorlington* ne se trouve pas dans les catalogues américains, je soupçonne que c'est une corruption (par mauvaise copie d'étiquette) du mot *Worthington,* que Rafinesque, dans un opuscule rare sur les vignes d'Amérique, donne comme synonyme vulgaire de son *Vitis labruscoides,* var. *rubra*[1]. En tout, l'identité de ce *Vorlington* avec le *York Madeira* est importante à noter; car l'expérience citée plus haut (pag. 134), de M. Henri Aguillon, semble indiquer que ce cépage sera un des plus résistants de tout le groupe.

3ᵐᵉ Groupe.— Hybrides de Labrusca et de cépages d Europe ou d'Amérique

Qu'il puisse y avoir hybridation, ou plutôt métissage,

[1] Voici ce que dit Rafinesque de cette variété : « *Worthington Grape*. Grains plus petits (que chez la variété précédente, *labruscoides,* var. 1, *serotina*); jus rouge foncé, doux et âpre.» Or justement les grains du *York Madeira* sont petits par rapport aux variétés les plus typiques de *Labrusca,* si bien que, en étudiant jadis ces grappes dans la collection Sahut, je m'étais demandé s'il n'y avait pas dans ce cépage une hybridation entre le *Labrusca* à gros grains et des *Æstivalis* ou des *Cordifolia* a petits grains.

Downing donne le *Worthington* comme un synonyme du *Clinton;* mais le *Worthington* de Rafinesque ne paraît pas être ce dernier cépage.

Voici, du reste, la description du *Vorlington* par M Pulliat

entre variétés de notre vigne européenne, c'est ce que prouvent, d'une façon indubitable, les curieux cépages à jus coloré obtenus par MM. Bouschet de Bernard, de Montpellier, entre le Teinturier, d'une part, et l'Aramon, l'Œillade, l'Alicante, etc., de l'autre. Quant aux hybrides assez nombreux, qui portent en Amérique les noms d'*Allen,* d'*Arnold,* de *Rogers,* la plupart des auteurs américains n'émettent pas de doute sur la nature mixte du plus grand nombre, et j'avoue que le peu que j'en ai vu est favorable à l'idée que la plupart sont, en effet, des produits d'un véritable croisement. Une circonstance à l'appui de cette opinion, c'est le peu de résistance que semblent opposer au phylloxera ceux d'entre ces hybrides supposés dans lesquels la vigne européenne aurait une part. Le *Wilder* seul est donné, par Riley et par MM. Bush, comme résistant ; les autres, qui vont être énumérés à la suite, sont, ou délicats, ou sujets à caution et douteux, jusqu'à ce que l'expérience ait prononcé sur leur compte.

1° *Hybride résistant*

WILDER (hybride de Rogers' n° 4). — Parents non désignés. « Grappe volumineuse, souvent ailée, pesant

« Bourgeonnement d'un rouge violacé duveteux, passant au vert clair jaunâtre. Feuille moyenne ou sous-moyenne, un peu tourmentée, peu ou point sinuée, presque circulaire (sinus pétiolaire un peu ouvert), parsemée inférieurement d'un duvet aranéeux ; denture très-courte, très-obtuse, brusquement mucronée ; pétiole court, un peu grêle ou assez fort. Grappe petite, peu serrée ou un peu lâche, cylindrique, pédoncule de moyenne longueur ou un peu grêle ; grains moyens ou sous-moyens, globuleux ou à peu près ; pédicelles de moyenne longueur, un peu grêles ; chair pulpeuse, assez sucrée, renardée (*foxy*), peau épaisse, résistante, d'un noir foncé, pruiné à la maturité, qui est de deuxième époque. Sarment un peu grêle, de moyenne vigueur »

quelquefois une livre ; grains gros, globuleux, d'un pourpre foncé, presque noirs. Chair assez tendre, un peu
pulpeuse, agréable et douce. Mûrit avec le *Concord* et
quelquefois avant, et se conserve longtemps dans le fru-
tier. Plante vigoureuse, rustique, saine et productive.
Un des meilleurs raisins pour le marché. » (Isid. Bush.
Illustrat. Catal., avec vignette noire de la grappe[1].)

2° *Hybrides non résistants, ou en tout cas plus ou moins sensibles*
au phylloxera, ou douteux à ce point de vue

ALLEN'S HYBRID, obtenu par M. J.-F. Allen, de Salem
(Massachussets). — On suppose que c'est un croisement
entre le *Chasselas doré* et l'*Isabelle*. Mûrit de bonne
heure, à peu près avec le *Concord*. Grappes volumineuses et longues, lâches ; baies entre surmoyennes et grandes ; peau mince, demi-transparente, de couleur presque
blanche, avec teinte d'ambre sur quelques points ; chair
tendre et délicate, sans pulpe, juteuse et délicieuse ;
qualité supérieure. Plante exposée au *rot* et au *mildew*,
ne pouvant être recommandée pour la culture en grand,
quoiqu'elle mérite une place dans les collections d'amateur. » (Bush.)

J'ai vu vendre ce magnifique raisin dans les rues de

[1] « Bourgeonnement roux, duveteux, passant au rose violacé, puis
au vert. Feuille grande, d'un beau vert herbacé, glabre supérieurement, garnie inférieurement d'un duvet lanugineux blanc compact; sinus supérieurs plus ou moins profonds, secondaires presque
nuls, celui du pétiole ouvert ; pétiole de moyenne longueur et de
moyenne force Grappe moyenne ou sous-moyenne, courtement
cylindrico-conique; pédoncule assez court, grêle ; grains gros,
presque ronds , pédicelles un peu courts, un peu grêles; chair pulpeuse, un peu sucrée, un peu foxée: peau épaisse, résistante, d'un
beau noir bleuâtre, pruiné, riche en matière colorante. Deuxième
époque de maturité. »

New-York ; il ne ressemble pas à un raisin américain. C'est peut-être le même cépage que M. Sahut, de Montpellier, cultivait sous le nom inexact de *Scuppernong*, et sur lequel j'ai pris la note ci-dessous, le 19 août 1871 [1].

Agawam (Rogers' hybrid, n° 15). — « Considéré par Rogers comme sa meilleure variété avant l'introduction du *Salem*. C'est un raisin d'un rouge foncé ou marron, dans la constitution duquel est entré le *Hamburg* précoce. Grappes grosses, compactes, souvent ailées; grains très-gros; peau épaisse; pulpe tendre, douce, piquante, d'un arome particulier. Productif et d'une grande vigueur de croissance. Dans quelques localités, il s'est montré sujet au *rot* et au *mildew*, et M. Husmann dit que son arome, très-prononcé, ne lui plaît pas. Nous considérons nous-même cette variété comme la moins désirable entre tant d'excellentes du même semeur. » (Isid. Bush, p. 20, avec vignette en noir de la grappe et d'une feuille.)

Barry (Rogers' n° 43).— «Un des plus jolis entre ses hybrides. Grappe grosse, un peu large et compacte ; grains moyens, arrondis ; couleur noire ; chair tendre, d'un goût doux et agréable ; peau fine, un peu astringente. Très-productif et précoce. Mûrit en même temps que le *Concord*. » (Isid. Bush.)

---

[1] *Scuppernong*, hort. Sahut (non le vrai, qui est un *V. rotundifolia*). Vigne excessivement vigoureuse (il n'y avait pas là de phylloxera). Sarments robustes, feuilles à cinq lobes profonds, vertes des deux côtés, mais légèrement pubescentes sous la loupe en dessous. Grappes énormes, ovoïdes; grains (non murs) ovales-oblongs, gros, rappelant ceux du muscat d'Alexandrie Ne se rapporte à aucun type sauvage d'Amérique à moi connu Hybride ?

CHALLENGE (hybride supposé entre le *Concord* et
Royal Muscadine, obtenu par le Rév. Archer Moore, ⸢
New-Jersey). — Très-précoce. Grappes courtes, compa
tes, ailées ; baies grosses, arrondies, d'un rouge pâle.
chair légèrement pulpeuse, très-douce et pleine de ju
Vigueur du feuillage et du bois extraordinaire; prolifiqu
et s'annonçant bien. Donné comme excellent pour
table et pour le vin de dessert ; non encore essayé da:
l'Ouest. » (Isid. Bush.)

ELLEN (Rogers' nᵘ 41). — « Grappes de grosse:
moyenne, ailée; grains gros, noirs, un peu aplatis, rapp
lant à cet égard le parent indigène; chair tendre et douc
avec un parfum hautement aromatique. Maturité précoc
Vigne vigoureuse, robuste et prolifique. M. Marsha.
P. Wilder dit que c'est peut-être le meilleur, comm
qualité, de tous les raisns noirs. » (Isid. Bush.)

GOETHE (Rogers' n° 1). — Variété précieuse et celle qu
de tous les hybrides de Rogers, montre le plus du ca
ractère des raisins d'Europe ; avec cela une des plus ro
bustes, des plus saines et des plus productives. Un pe
tardive‘ pour le Nord, mais mûrissant admirableme.
dans le Missouri. Grappes entre moyennes et grande
pas tout à fait compactes, çà et là ailées ; grains trè
gros, d'un jaune verdâtre, quelquefois teints de rou:
pâle du côté touché par le soleil ; peau mince, transl
cide; chair tendre et fondante de partout, douce, vineu‘
et juteuse, à parfum particulier et délicieux ; peu ᵈᵉ
pepins. Raisin excellent pour la table et pour le vi.
très-recommandable pour notre latitude. Poids spéci.
que du moût, 78°. (Isid. Bush.)

HERBERT (Rogers' n° 41). — Grappes assez longues et lâches; grains volumineux, arrondis, quelquefois un peu aplatis; chair très-douce et tendre. Précoce et productif.

LINDLEY (Rogers' n° 9), dérivé du *Mammoth Grape*, *Vitis labrusca* sauvage de la Nouvelle-Angleterre, fécondé par le Chasselas doré. Grappe longue, moyenne, ailée, un peu lâche; grains entre moyens et grands, arrondis; couleur rappelant celle des *Catawba*. Chair tendre, avec une trace de pulpe, douce et d'un arome très-marqué. Pour l'apparence de la grappe, ce raisin rappelle le *Grissley Frontignac*, et quelques-uns le regardent comme égalant en qualité le *Delaware*. Plante de croissance très-vigoureuse; sarments à nœuds un peu longs. Le feuillage, lorsqu'il est jeune, est d'une couleur rougeâtre. Mûrit de bonne heure et fait un vin blanc superbe. Poids spécifique du moût, 80°. (Isid. Bush.)

MASSASOIT (Rogers' hybrid, n° 3). — Grappe assez courte, de dimension moyenne, ailée; grains moyens, d'un rouge brunâtre. Chair tendre et douce, avec un peu de la saveur natale (c'est-à-dire *foxée*) à maturité complète. Très à l'abri des maladies (c'est-à-dire du *rot* et du *mildew*) et suffisamment vigoureuse (Wilder, cité par M. Bush).

MERRIMACK (Rogers' n° 19).— Regardé par quelques-uns comme le plus beau raisin de la collection de Rogers. Nous lui préférons le n° 4 (Wilder), qui lui ressemble en qualité et présente plus d'avantages, à cause de ses grappes bien plus grandes et plus lourdes (Bush). Voici ce qu'en dit M. Wilder (d'après Bush): « C'est une des variétés sur lesquelles on peut le plus compter en toute saison. Plante très-belle, exempte de maladie ; grappe habituellement plus petite que dans les autres variétés de Rogers ; grains doux, gros, assez riches. Mûrit vers le 20 septembre, dans le Massachussets.

Rogers' hybrid, n° 2. — Un des plus gros de toute la série. Grappes et grains très-volumineux, d'un pourpre foncé, presque noir ; maturité tardive; goût rappelant le *Catawba*. Vigne vigoureuse de croissance et très-productive; semble bien s'annoncer comme vigne à vin. » (Bush.)

Id., n° 5. « Un des plus beaux entre les hybrides de Rogers et méritant d'être mieux connu. Grappes entre moyennes et grandes, modérément compactes; grains volumineux, arrondis, rouges, doux et riches, sans goût *foxy* et des meilleurs en qualité. Vigne très-rustique et saine, mais poussant moins vigoureusement que quelques autres.» (G.-W. Campbell, cité par MM. Bush.)

Id., n° 8. — «Considéré par M. Hussmann comme un des meilleurs des *Rogers' hybrids*, spécialement en vue du vin. Grappes et grains gros, couleur rouge pâle; mais, à maturité complète, devenant d'un rouge cuivreux foncé, pruiné d'une légère fleur grise; chair douce, juteuse, à saveur agréable et presque entièrement dépourvue de pulpe ; peau à peu près de la même épaisseur que le *Catawba,* mais avec moins d'astringence et de rudesse. Plante de forte et vigoureuse croissance, avec des feuilles larges, épaisses et rudes. Très-rustique et productif. » (Bush.)

Salem (Rogers' n° 53). — «De même que l'*Agawam* (n° 15, le *Wilder* (n° 4), celui-ci est un hybride entre une vigne indigène sauvage (*Labrusca*, sans doute) et le *Black Hamburg*. Grappes fortes et compactes, larges, ailées ; grains aussi gros que ceux du *Hamburg*, d'une couleur châtain clair ou *catawba*; chair passablement tendre, douce, avec un parfum riche et aromatique. Considéré comme un des meilleurs de Rogers pour la qualité; mûrit aussitôt que le *Delaware*. Plante très-vigoureuse, saine; bois d'une couleur plus claire que chez la plupart des vignes de Rogers'. Elle obtint la première médaille de 1868, à l'Exposition de la Société des viticulteurs des bords des lacs (*Lakes shores grape growers Association*). Elle est digne d'être essayée en grand dans nos vignobles et sera probablement très-estimée pour le vin, en même temps que comme beau et excellent raisin de table. M. T.-L. Harris, de Brockton (New-York,) en a planté près de 13 hectares et se montre très-satisfait du résultat. » (Bush *Illustr. Catal.*, avec figure en noir de la grappe)[1].

Walter. — «Nouveauté gagnée par M. A.-J. Caywood, à Poughkeepsie (New-York), des graines d'un *Delaware* fécondé par un *Diana*. Encore peu connue, mais promettant beaucoup comme qualité. Grappes moyennes,

[1] Bourgeonnement roux rosé, passant au vert, teinté de rose sur la face inférieure des jeunes feuilles. Feuilles très-grandes, peu ou point sinuées (sinus pétiolaire ouvert), finement duvetées inférieurement. Sarment en végétation, d'un vert brillant, clairement parsemé d'un duvet hispide, passant à travers un duvet aranéeux très-fin. Grappe moyenne ou surmoyenne un peu conique, assez serrée; grains gros, à peu près globuleux; chair pulpeuse, foxée, sucrée; peau épaisse, résistante, d'un beau rouge foncé pruiné. Deuxième époque de maturité. (V. Pulliat, msc.)

ailées, modérément compactes; grains moyens, arrondis. d'un rouge clair ; chair juteuse, douce, pas tout à fait tendre au centre. Mûrit à peu près avec le *Concord.* › (Downing). On dit la plante d'une végétation vigoureuse, avec un bois d'un brun foncé et noué court; feuilles grandes, épaisses, vertes sur leurs deux surfaces, non laineuses. Echappe, assure-t-on, au *mildew ;* est rustique, saine et prolifique. Cette année (1869) de sécheresse, elle a perdu ses feuilles comme le *Delaware.* » (Bush, *l.c.*, avec figure en noir de la grappe et de la feuille.)

4ᵉ Groupe. — Variétés dérivées du type Æstivalis : la plupart plus ou moins résistantes

Je partage l'opinion de M. Laliman, de MM. Riley et Bush, de M. Pulliat, sur la vigueur de végétation que conservent les cépages de ce groupe, alors même qu'ils portent des phylloxeras sur leurs racines. L'expérience à cet égard est faite pour le plus grand nombre : elle devra se faire pour les autres. C'est aussi dans ce groupe que se trouvent les raisins dont le goût se rapproche le plus des nôtres, et qui donnent des vins colorés, corsés, à bouquet souvent délicat, et en tout cas non *foxé.* Leur reprise de boutures est souvent difficile ; mais nous verrons, au chapitre «Multiplication», les moyens d'obvier à cet inconvénient.

Alvey (Agar), présenté au public par le Dᵣ Harvey, de Hagerstown (Maryland).—Grappes lâches, ailées: grains petits, arrondis, noirs, précoces, doux, juteux et vineux, sans pulpe (c'est-à-dire fondants de partout) ; arome agréable à maturité. Plante robuste et saine, mais d'une végétation lente, à sarments gros et court jointés. S'an-

nonce bien pour les sols profonds, tels que les alluvions
de rivière, etc. Qualité excellente, donnant un de nos
meilleurs vins rouges, mais sujette à perdre ses feuilles
aux expositions méridionales. Semble préférer le limon
riche et sablonneux de nos versants nord-ouest ou nord.
Moût, 85°-91°. » (Bush.)

M. Berckmans le dit peu vigoureux et peu fertile ;
M. Husmann, dans une lettre à M. Douysset, le compte
parmi les cépages résistants.

BALDWIN LE NOIR (ne pas confondre avec le *Lenoir*,
dont il sera question plus loin). — « Originaire de West-
Chester (Pennsylvanie). Grappes petites, assez lâches ;
grains petits, tout à fait foncés, presque noirs. Chair un
peu pulpeuse, relevée d'une acidité âpre. Peut aller pour
le vin, mais non pour la table. Octobre. » (Downing.)

Variété peu connue : le pied que j'en ai vu dans
la collection de vignes de l'*Agricultural Department*, à
Washington, était *très-vigoureux* et très-chargé de raisins. Grains serrés, petits, noirs, à goût acide, non foxé.
Bonne variété d'après mes notes. Quelques extrémités
de racines pourries, mais pas de phylloxera.

BAXTER [1]. — « Grappes longues, grains gris ou bleuâtres,
vineux ; très-bon, fertile, mais sujet au *rot*. Peu dissé-

---

[1] « Bourgeonnement roux, duveteux, passant au rose, puis au
vert Feuille grande ou surmoyenne. glabre supérieurement, légèrement glaucescente inférieurement et légèrement garnie d'un duvet lanugineux peu compact; sinus supérieurs profonds, secondaires bien marqués ou un, peu profonds ; pétiolaire ouvert; pétiole
long ou très-long, fort ; poils courts et un peu raides sur les nervures inférieures. Feuillage se rapprochant de celui des *Æstivalis*
(c'est un *Æstivalis*, en effet). Maturité de troisième époque. Sarments assez forts, traînants. » (Pulliat, msc.)

miné.» (Berckmans.) D'après Downing, cette variété mûrit trop tardivement pour les États du Nord. Elle réussit mieux dans ceux du Sud.

BLACK JULY ou DEVEREUX (autres synonymes : *Sump-ter*, *Lincoln*, *Blue Grape*, *Sherry*, *Thurmond*, *Hart*, *Tuley*, *Maclean*, *Husson*, *Lenoir* quelquefois (par erreur). — « Origine incertaine; petit raisin noir; grappes petites, compactes; grains petits, d'un noir bleuâtre foncé; chair tendre, juteuse, vineuse. Estimé dans le Sud pour le vin.» (Downing.) Peu fertile, s'il est taillé court ; demande la treille. Vin excellent, couleur ambrée.» (Berckmans [1].)

L'aspect du feuillage de cette variété rappelle celui de certaines vignes d'Europe. C'est pourtant bien une vigne américaine et du type *Æstivalis*, chez lequel les feuilles deviennent parfois presque glabres.

CUNNINGHAM ou LONG.— «Raisin du Sud, appartenant au même groupe que l'*Herbemont*. Il a été gagné dans le jardin de M. Jacob Cunningham, du comté de Prince-

---

[1] « Bourgeonnement roux, duveteux, passant au rose foncé sur un fond gris. Feuille presque circulaire, de moyenne grandeur, tourmentée, d'un vert herbacé supérieurement, glaucescente inférieurement et à peu près glabre, sauf un léger duvet à la bifurcation des nervures , sinus supérieurs et secondaires à peu près nuls, celui du pétiole fermé : pétiole moyen, assez fort ; dents un peu profondes, obtuses, courtement mucronées.

Grappe sous-moyenne, cylindrique ou cylindrico-conique, un peu compacte; pédoncule de moyenne longueur, un peu grêle ; peau mince et cependant résistante, d'un rouge foncé obscur, pruiné à la maturité, qui est de troisième époque : chair ferme, pulpeuse, assez sucrée; saveur simple, un peu relevée. (Pulliat, msc.)

J'ai noté chez des raisins de cette variété, venus de chez M. Pulliat, une remarquable *vinosité*.

Edward (Virginia). Le Dr D.-N. Norton, horticulteur émérite, le même qui cultiva et fit connaître le précieux *Norton's Virginia,* fit, en 1835, du vin de Cunningham, et communiqua à M. Prince aîné, de Flushing (Long island) l'édition entière de ce cépage : il en compare le vin au célèbre *Brand of Madeira* de Murdock et Comp^e. Le *Cunningham* est précieux pour les pentes exposées au midi, à sol pauvre, maigre et calcaire, soit sous notre latitude (Missouri), soit plus au sud. Grappe très-compacte et lourde, de grandeur moyenne, ailée ; grains petits, d'un noir brunâtre, juteux et vineux. Plante à croissance vigoureuse, saine et productive; mais, pour fructifier abondamment, elle demande à être taillée en coursons sur les sarments latéraux (c'est-à-dire sur les branches secondaires ou latérales des sarments aoûtés de l'année précédente (*spur pruning on laterals*)); elle veut aussi un léger abri contre l'hiver (précaution inutile sous notre climat du sud de la France). Mûrit tardivement, et donne un vin délicieux et des plus parfumés, d'un jaune foncé. Moût, 95° à 112°, ce qui répond à 11 $^1/_2$-14 $^1/_3$ pour 100 d'alcool. » (Isid. Bush, *Illustr. Catal.*, avec vignette en noir représentant la grappe et la feuille.)

Les témoignages unanimes en faveur de la vigueur de ce cépage sont confirmés par la courte expérience qui en a été faite depuis le printemps de 1872 à Montpellier. C'est, avec l'*Herbemont,* la variété qui s'est montrée la plus luxuriante, chez M. Gaston Bazille, chez MM. Bazille-Leenhardt, etc. La présence du phylloxera sur les racines depuis deux ans, dans le premier cas, depuis pendant un an au moins dans le second, ne l'ont pas empêché de se maintenir en bonne santé; et, parmi les plants mis en expérience en 1872 chez M. Camille Cambon, à Cadenet, près Castries (Hérault), en plein foyer phylloxerique, le *Cunningham* est le seul qui ait pleinement survécu aux vignes françaises environnantes. Sous la réserve des essais ultérieurs faits plus en grand, on peut donc considérer ce cépage comme un de ceux qui s'annoncent avec le plus de chances de réussite dans les pays phylloxérés[1]. Downing dit qu'elle n'est pas tout à fait assez rustique pour les États du Nord (à hivers bien plus rigoureux que ceux de France).

CYNTHIANA OU RED RIVER. — « Reçue par M. Husmann, en 1858, de William R. Prince, de Flushing, Long island (New-York). Supposé originaire de l'Arkansas, où on l'avait probablement trouvée sauvage. Par tous ses caractères, c'est un vrai *Æstivalis*, et il ressemble tellement au *Norton's Virginia* qu'il est impossible de l'en distinguer par le bois et le feuillage; mais la grappe en est un peu plus ailée, et les grains plus juteux et un peu plus doux. Grappe de grosseur moyenne, modérément compacte, ailée; grains sous-moyens, arrondis, noirs avec une pruine bleue, doux, parfumés, modérément juteux. Jus d'un rouge noir très-intense, très-lourd'au pèse-moût, plus encore que celui du *Norton's*, et donnant *notre meilleur vin rouge*. Ce vin a beaucoup de corps, plus même

[1] Bourgeonnement roux, très-duveteux, passant légèrement au rose, puis au vert. Feuilles adultes moyennes ou surmoyennes, d'un vert herbacé, glabres supérieurement, garnies inférieurement d'un duvet aranéeux blanchâtre, à sinus peu prononcés ou presque nuls (quelquefois profonds, à Montpellier, Planchon), à peu près aussi longues que larges; sinus pétiolaire ouvert; denture peu profonde, obtuse, courtement mucronée; pétiole fort assez long. Grappe à peine moyenne, cylindrico-conique; pédoncule assez long, de moyenne force; grains petits, sphériques, assez serrés; peau un peu mince et cependant résistante; chair juteuse, à saveur simple (non foxée) Maturité de troisième époque. (V. Pulliat, msc.)

que le *Norton's*, qu'il surpasse également en délicatesse;
pouvant entrer en ligne, pour son bouquet, avec les meilleurs bourgognes. (Ceci est une appréciation américaine, qu'on peut supposer exagérée, sans contester les
qualités vraiment distinguées du *Cynthiana*.) Plante vigoureuse, saine, productive, aussi régulière à cet égard,
chez nous, qu'aucune variété à nous connue; malheureusement très-difficile à multiplier. Depuis qu'elle a porté
chez nous sa première récolte, en 1859, nous n'y avons
jamais vu un seul grain gâté par le *rot*. Mûrit quelques
jours avant le *Norton's* et à peu pres une semaine avant
le *Catawba*.

» En recommandant avec confiance le *vrai Cynthiana*
comme le *meilleur raisin pour le vin rouge*, nous devons
prémunir le public contre les *faux Cynthiana* qui ont
été vendus sous ce nom [1]. » (Bush, *Illustr. Catal.*, avec
vignette représentant la grappe et la feuille.)

On pourrait croire que ces éloges si chauds du *Cynthiana* sont empreints de quelque partialité intéressée ;
mais, d'après tout ce que je sais de MM. Bush, par mes

[1] Je n'ai vu en Amérique que des pieds isolés de *Cynthiana*, dont
je n'ai pas noté les caractères. Dans la collection de M. Pulliat, à
Chiroubles, le cépage qui porte ce nom, et dont j'ai conservé un
exemplaire desséché. semble tenir le milieu, pour le feuillage. entre
les *Labrusca* et les *Æstivalis*, il se distingue très-nettement du
Norton's Virginia par le duvet du dessous des jeunes feuilles, qui,
plus aranéeux. est serré en couche continue, au lieu que, chez le
Norton's, ce duvet se divise promptement en petits flocons distincts. Le jeunes pousses de ce *Cynthiana* ne se distinguent pas
de celles du *Rulander* de la même collection ; seulement, M. Pulliat
décrit les grains du *Rulander* comme ellipsoïdes. et ceux du *Cynthiana* comme sphériques il attribue à son *Cynthiana* un goût
foxe (que je lui ai trouvé, en effet a un faible degré) et qui semble
insolite pour un cépage de la section *Æstivalis*. De tout cela ressort un certain doute sur la détermination de cet important cépage:

relations personnelles avec eux et par leur correspondance, je puis affirmer qu'ils échappent même au soupçon d'un reproche de ce genre, et que leurs renseignements sont inspirés par la sincérité la plus absolue. D'après M. Husmann, excellent juge en ces matières, le vin de *Cynthiana* fut primé (contre huit échantillons de *Norton's*) comme le meilleur vin de l'Exposition de 1865, dans l'Etat du Missouri. Le même auteur ajoute que M. Fuller n'a pas dû avoir le vrai *Cynthiana* sous les yeux, puisqu'il en parle comme d'un cépage sans valeur et qu'il le considère comme un synonyme du *Chippewa* et du *Missouri,* qui en sont entièrement distincts.

Sur une vingtaine de sarments de ce cépage que j'ai mis en terre ce printemps, pas un seul n'a pris ; c'est par pieds enracinés qu'il faudrait d'abord l'introduire .

ELSINBURG ou ELSINBORO (Synon. *Smart's Elsinburgh, Elsenborough, Missouri's Bird's-Eye,* Œil-d'Oiseau du Missouri, d'après Husmann). — « Très-joli petit raisin de

il ne faudrait donc pas le juger sur des plants qui ne seraient pas absolument *authentiques.*

Voici, du reste, la description de celui de M. Pulliat, que je ne crois pas être le vrai *Cynthania,* mais plutôt un *Labrusca :*

« Bourgeonnement roux foncé, duveteux, passant au rose violacé, puis au vert. Feuilles adultes, moyennes ; glabres supérieurement, un peu garnies inférieurement d'un duvet roussâtre ou fauve ; sinus supérieurs plus ou moins profonds, les secondaires nuls, celui du pétiole ouvert ; pétiole long, assez fort. Grappe moyenne, peu serrée, parfois ailée ; grains moyens, sphériques , peau d'un noir bleuâtre, pruinée, bien résistante ; chair un peu pulpeuse, sucrée, renardée (*foxy*).

La plante qui, dans la collection de l'*Agricultural Department,* de Washington, porte le nom de *Cynthiana,* a de *gros* grains noirs, à *goût de cassis* (*foxy*). Ce n'est donc pas la vraie variété de ce nom, mais c'est peut-être celle de M. Pulliat.

dessert, parfaitement doux et fondant, sans pulpe, apporté en premier lieu d'une cité de ce nom dans le comté de Salem (New-York) ; les grains en sont à peine plus gros que ceux du *Vitis cordifolia* sauvage.

La plante produit peu, mais régulièrement, et ses raisins sont estimés pour la table. Grappes assez lâches, ailées ; grains petits, ronds. Peau mince, épaisse, couverte d'une pruine bleue. Chair fondante, sans pulpe, douce et excellente. Feuilles à cinq lobes profonds, d'un assez joli vert foncé. Bois un peu grêle, à longs joints. » (Downing.) MM. Bush le disent sujet au *mildew*. M. Berckmans dit que ce plant est devenu infertile et qu'il a été abandonné.

HERBEMONT *(Warren, Herbemont's Madeira, Warrenton, Neil Grape).*—« Origine inconnue ; il fut propagé dès 1798, de sarments pris sur un vieux cep cultivé dans un vignoble du juge Huger, de Columbia, dans la Caroline du Sud. Nicholas Herbemont, viticulteur entreprenant et plein de zèle, le vit dans ce vignoble et jugea, d'après sa vigueur et son acclimatation parfaite, que ce devait être une variété indigène ; plus tard on lui fit croire que c'était un raisin venu de France. Mais on retrouva ultérieurement la plante dans le comté de Warren, en Géorgie, d'où lui vient le nom de *Warren*. Les meilleurs juges s'accordent à y voir un membre du groupe des *Æstivalis* du Sud, et par conséquent une variété indigène. Downing le qualifie, avec raison, de l'épithète de *bags of wine* (sacs à vin). C'est un de nos meilleurs cépages, un de ceux sur lesquels ont peut le plus compter, soit pour le vin, soit pour la table, en le plantant de préférence sur nos collines à sol calcaire. Il ne faut pas trop le multiplier plus au nord que le Missouri, et ici même (près de St-Louis) il faut le couvrir un peu en hiver (en en couchant les rameaux sous la terre). Pour ceux qui veulent s'imposer ce soin, il a toujours produit une récolte splendide, et telle parfois qu'elle a amplement payé ce léger surcroît de travail. Pour nos États du Sud, ce raisin doit être une source de richesse. M. Berckmans, d'Augusta (Géorgie), écrit néanmoins : « Magnifique cépage, mais trop sujet au *rot* et totalement abandonné ici, excepté dans quelques jardins de ville et espaliers où il donne de belles récoltes. Grappes très-grandes, longues, ailées et compactes ; grains petits, noirs, avec belle pruine bleue ; peau mince ; chair douce, sans pulpe, juteuse et très-parfumée ; maturité tardive, à peu près comme celle du *Catawba*. Plante de vigoureuse croissance, munie d'un beau feuillage ; non sujette au *mildew* et très-peu au *rot*. Dans un sol riche, elle est un peu délicate, fait trop de bois et semble être un peu moins productive ; tandis que dans un sol calcaire, un peu maigre et chaud, elle se porte parfaitement et donne d'énormes produits. » M. Werth, de Richmond, (Virginie), dit : « J'ai vu ce cépage dans un sol bas, imparfaitement drainé et un peu compacte, donner très-uniformément, durant des années, une récolte abondante, saine et parfaitement mûrie. Poids spécifique du moût, environ 90° (répondant à 11 p. 100 d'alcool dans le vin). Le jus qui s'écoule sans qu'on ait écrasé les grappes donne un vin blanc ressemblant aux vins délicats du Rhin. Environ quatre-vingt-huit heures de fermentation sur le marc en font un très-joli vin rouge, ressemblant quelque peu au madère (*sic*) pour le goût ? non pour la couleur, qui n'est pas rouge chez notre madère de

France. (Bush, *Illustr*. *Catal.*, p. 31-32, avec vignette représentant la grappe [1].) »

Les observations faites au sujet du *Cunningham* peuvent se répéter pour l'*Herbemont*. Sa résistance au phylloxera, parfaitement établie en Amérique par Riley, Bush et moi-même, est jusqu'ici confirmée par la manière dont les pieds de M. Gaston Bazille se comportent à Méric, près Montpellier, depuis deux ans qu'ils ont l'insecte aux racines. On ne pourra juger de sa fertilité en Europe que lorsque les pieds luxuriants de M. Jules Leenhardt (dans le jardin Bazille-Leenhardt, à Montpellier) auront été soumis à la taille qui convient à ces vignes, c'est-à-dire à la production sur coursons latéraux, attachés à de longs sarments de deux ans ou plus, formant des cordons palissés [2].

[1] Dans une lettre à M. Douyssct, en date du 12 novembre 1874, voici comment M. Husmann s'exprime sur ce cépage:

« Sa couleur est noire, avec une magnifique fleur bleuâtre à maturité ; mais, dans l'Est et plus au Nord, la teinte n'est que brun rougeâtre. Peau très-mince, grains sans pulpe, jus très-rafraîchissant ; plus vous mâchez la peau, plus le goût en devient agréable. C'est avec raison que Downing l'appelle « sacs à vin. » Il est, en effet, très-productif, portant quatre ou cinq grappes par sarment ; végétation vigoureuse, demandant la taille longue. Feuilles d'un magnique vert clair, sans duvet en dessous ; sarments d'un blanc grisâtre, couverts d'une pruine blanchâtre, court noués, tachetés de points noirâtres. Grappe lourde, ordinairement ailée, magnifique de forme, pesant jusqu'à une livre. Donne un vin blanc d'un goût exquis, si l'on sépare immédiatement le jus du marc, et un vin rouge de qualité supérieure, en le laissant cuver à la manière ordinaire »

[2] « Bourgeonnement roussâtre, passant au blanc, duveteux, teinté de rose violacé, puis au vert jaunâtre. Feuilles grandes ou très-grandes, portées par un pétiole court et fort, glabres supérieurement, garnies inférieurement d'un duvet pileux court, un peu rude et peu apparent ; sinus supérieurs profonds ou très-profonds; secon-

Hermann. — « Nouvelle vigne a vin gagnée par M . F. Langendœrfer, près d'Hermann (Missouri), d'un semis de *Norton's Virginia :* elle a donné son premier fruit en 1863. Le moût de raisins de greffes, pesé en 1864, donna 96°, répondant à 11° ¹/₂ p. °/₀ d'alcool. Ce poids a varié depuis de 94° à 105° (plus de 11 à près de 14 p. °/₀ d'alcool). Grappe longue et étroite, rarement ailée, compacte, mesurant souvent 23 centimètres ; les ailerons, s'il y en a, ont l'apparence de grapillons séparés ; grains petits, à peu près de la dimension du *Norton's*, arrondis, noirs, avec une fleur bleue, modérément juteux, non exposés au *rot* et au *mildew*, mûrissant a peu près en même temps que le *Norton's* ou quelques jours plus tard ; jus, non d'un rouge foncé, mais d'un jaune brunâtre, donnant un vin de couleur sherry brun ou madère, bien corsé et d'un très-bon goût, rappelant le madère. Plante de forte végétation et très-productive, rappelant par les feuilles le *Norton's*, sauf que ces organes sont de couleur plus claire et souvent plus profondément lobées ; sarments couverts de filaments blanc argenté, d'un aspect particulier. M. Husmann, à qui ces détails sont empruntés, recommande hautement ce cépage comme vigne à vin : ce sera, pense-t-il, le *Madère américain,* si anxieusement cherché par les *con-*

daires bien marqués, celui du pétiole ordinairement ouvert. Grappe moyenne ou surmoyenne (comparée aux vignes d'Europe, grande par rapport aux vignes américaines), cylindrico-conique, allongée, ailée ; pédoncule très-long, assez fort ; grains petits, globuleux, un peu serrés, d'un noir bleuâtre à la maturité, qui est de troisième époque, un peu tardive ; saveur simple, un peu acide ; pédicelle du grain un peu court, assez fort. Sarment en végétation d'un vert brillant, souvent teinté ou maculé de violet sur un côté ; sarments aoûtés très-vigoureux, à mérithalles assez allongés. » (Pulliat, msc)

naisseurs. Dans un concours de vins ouvert à Hermann (Missouri), le 17 mai 1869, ce vin attira l'attention générale et obtint un prix extra.

Sa maturation tardive le rendra probablement peu propre au climat du Nord : il réussira surtout, pensent MM. Bush, à des expositions sud et dans des sols calcaires. » (Husmann et Bush.)

L'*Hermann*, on le voit, sera bon à essayer à côté de ses proches alliés, l'*Herbemont*, le *Norton's* et autres *Æstivalis*.

JACQUEZ (synon. *Cigar-Box Grap*, raisin Boite-à-Cigares, *Longworth's Ohio, Jack, Mac Candless, Black spanish Alabama, Ohio*, d'après Downing, qui adopte le nom d'*Ohio* et cite le nom de *Jacquez* en synonyme). — « Origine inconnue : on dit qu'on l'aurait apporté, en 1805, du détroit de Gibraltar à Oakland, Alabama (mais c'est sûrement une erreur, au moins en ce qui concerne le *Jacquez* de M. Laliman, lequel est à coup sûr un *Æstivalis*).

Grappes grosses et longues (de 15 à 20 et même 35 centimètres), assez lâches, atténuées au bout, ailées. Grains petits, arrondis. Peau fine, pourpre, avec une fleur bleue. Chair tendre, sans aucune pulpe, fondante, relevée et vineuse. » (Downing.)

Grappe énorme en longueur. Grain noir à jus fin, coloré, doux, vineux, exquis; donne un vin rouge excellent; mais, comme le *Lenoir*, la culture a été abandonnée. (Berckm., *l. c.*, 18.)

J'ai emprunté à Downing et à Berckmans les rares renseignements sur ce cépage controversé et mal connu; nous aurions pourtant intérêt à le connaître, car M. Laliman a distribué sous ce nom (en le désignant parfois

vaguement par les mots *Jacquez* ou *Lenoir*) un cépage
remarquable pour sa vigueur, pour sa résistance au
phylloxera et même pour sa fertilité. Ces qualités déja
constatées chez M. Laliman lui-même, je les ai retrou-
vées à un haut degré chez quelques pieds d'une vigne
américaine vivant depuis douze ans, environ, dans le
vignoble phylloxéré de M. Borty, à Roquemaure (Gard),
vigne que j'ai pu rapporter avec certitude au *Jacquez* de
M. Laliman. Tous ses caractères en font évidemment un
Æstivalis ; elle est même très-voisine de l'*Herbemont*,
mais s'en distingue aisément en ce que le duvet de la
face inférieure de ses feuilles adultes est formé de petits
flocons blanchâtres. Les feuilles de ce cépage de Roquemaure envoyées à M. Berckmans, par M. Douysset, ont
été reconnues, par l'habile horticulteur d'Augusta, pour
la variété appelée *Jacquez* dans sa pépinière. MM. Bush
n'ont pu asseoir sur ces mêmes feuilles de détermination
positive, d'abord parce que le *Jacquez* est à peu près
inconnu dans le Missouri, et secondement parce que,
sans les raisins et sans un ensemble de caractères vus
sur le vif, il est très-difficile de distinguer les nuances
qui séparent le *Jacquez* du *Lenoir*. D'ailleurs le *Jacquez*,
bien que très-estimé pour la qualité de son vin, passe
dans le Missouri pour relativement infertile, et c'est à
ce titre que M. Husmann en parle à M. Douysset comme
étant proscrit des cultures. Or les pieds de M. Borty,
comme ceux de M. Laliman, sont remarquables par l'a-
bondance de leurs raisins, les premiers en ayant donné
jusqu'à 10 kilos par cep en 1874. Y a-t-il là diversité de
variété? Serait-ce une différence de production tenant au
sol, au climat? Toujours est-il que le *Jacquez* de Laliman
(reconnu pour *Jacquez* par M. Berckmans) mérite d'être
propagé parmi nous, soit comme porte-greffe résistant,

soit même comme producteur direct de raisins à vin.

Le même cépage existe dans la collection de M. Pulliat, à qui j'en emprunte, en note, la description détaillée [1]; il fait partie également du lot de cépages reçus de M. Laliman, en 1872, par M. Henri Aguillon, de Chibron (Var), et qui, plantés dans l'hiver de 1872-73, en plein milieu phylloxéré, ont conservé jusqu'à ce moment (automne de 1874) tous les signes d'une grande vigueur. La même observation s'applique au *Lenoir*, dont il va maintenant être question.

LENOIR. — « Ce raisin tire son nom du comté de Lenoir, dans la Caroline du Nord. On l'a confondu avec le *Black July*, dont il diffère, comme le prouve le feuillage. Downing ajoute: *The foliage of this has lobed leaves*; littéralement, Le feuillage de *celui-ci* a des feuilles lobées »,

[1] « Bourgeonnement duveteux, fortement teinté de rouge violacé. Feuilles très-grandes, presque lisses supérieurement, garnies en dessous d'un léger duvet lanugineux, court, pileux sur les nervures (j'ajoute que ce duvet se divise sur les feuilles adultes en petits flocons occupant les principales nervures, ce qui n'arrive pas chez l'*Herbemont* et ce qui est moins prononcé chez le *Lenoir*). Sinus supérieurs profonds, un peu fermés à l'ouverture ; secondaires bien marqués, ouverts ; pétiolaire ouvert ; lobes supérieur et terminal aigus ; denture peu profonde, assez large, inégale, obtuse, courtement mucronée ; pétiole très-long, fort. Grappe grande (comparée aux raisins d'Amérique), ailée, peu serrée ; pédoncule très-long, grêle depuis son point d'attache jusqu'au nœud, plus fort ensuite ; grains petits, globuleux ; pédicelles longs, grêles dans le milieu de leur longueur, renforcés à chaque extrémité. Chair un peu pulpeuse, légèrement acidulée, peu sucrée (bien sucrée dans les raisins de Roquemaure). Saveur simple. Peau mince, resistante, d'un beau noir pruiné. Maturité de troisième époque. Commence à mûrir vingt à vingt-cinq jours après les *Delaware*, *Miles* et autres cépages de première époque, concorde de maturité avec *Herbemont* » (Pulliat, msc.)

phrase que je comprends d'autant moins, que les deux variétés ont des feuilles lobées.

Grappe moyenne, compacte, ailée; grains petits, ronds, foncés, presque noirs; chair tendre, vineuse, juteuse, douce. Bonne variété pour le Sud, mais trop tardive pour le Nord (Downing.)

J'ai cité Downing pour les caractères (très-incomplets) et pour l'origine du nom de cette variété; mais je dois dire que Strong et Fuller écrivent en deux mots *le Noir*, ce que Fuller traduit sans hésiter par *the Black*, faisant ainsi dériver le nom de la couleur du raisin.

A l'égard des caractères du vrai *Le Noir* ou *Lenoir*, M. Fuller avoue être peu renseigné, parce que, dit-il, il règne une grande confusion dans les déterminations des cépages de ce groupe d'*Æstivalis,* cépages nés dans le Sud, et qui sont en général ou trop sensibles au froid ou de maturité trop tardive pour le Nord. « Le cépage appelé *le Noir*, ajoute M. Fuller, est tout à fait distinct de l'*Herbemont*, et par le mode de croissance et par le feuillage; son bois est plus court noué et plus foncé en couleur; ses feuilles plus rapprochées de la forme ronde ; le fruit commence à tourner (prendre couleur), au moins deux semaines plus tôt; les grappes sont moins compactes et bien meilleures. Le *Louisville seedling* semble être le même que le *Lenoir*. Le *Lincoln* (c'est un synonyme du *Black July* ou *Devereux*), a ses feuilles plus distinctement lobées. La *Pauline* ressemble à l'*Herbemont*. mais son fruit est de couleur plus claire. A ceux-là je puis ajouter : le *Long (Cunningham), Devereux, Harris, Thurmond, Wylie, Sainte-Geneviève, Ohio Cigar-Box* et une douzaine d'autres que j'ai reçus comme variétés distinctes et bonnes. Si elles sont différentes, je n'ai pu encore le découvrir. L'*Alvey*, le *Lincoln* et le

Lenoir, semblent être les meilleures pour les États du Nord, et même ceux-là n'y prospèrent pas aussi bien que nos variétés locales du même groupe. On peut appeler proprement cette classe de cépages les *vignes à vin,* et, dans les contrées où elles mûrissent bien, elles peuvent à peine être surpassées comme source de vins légers et délicats. »

J'ai tenu à citer tout ce passage, parce que les dernières lignes rendent un hommage mérité à la valeur du groupe *Æstivalis.* L'auteur, du reste, a dû reconnaître depuis, comme variétés distinctes, plusieurs de celles qu'il n'avait pas d'abord pu reconnaître ; mais l'embarras même d'un juge aussi expérimenté prouve combien ces distinctions sont difficiles.

Ecoutons maintenant, sur le compte du *Lenoir,* un auteur du Sud, mieux placé pour le juger, M. Berkmans, d'Augusta (Géorgie) :

« *Lenoir,* variété d'élite obtenue dans la *Caroline du Sud* (donc ce ne serait pas dans le comté de Lenoir, Caroline du Nord), il y a cinquante ans, mais absolument abandonnée. Donne du vin rouge de qualité supérieure ; le fruit se perd régulièrement. » (L'auteur veut dire, sans doute, « périt par le *rot* ou par le *mildew* », puisque la résistance connue de ce cépage met le phylloxera hors de cause.)

M. Husmann, du Missouri, range le *Lenoir* dans sa classe troisième de cépages « sains (c'est-à-dire échappent au maladies), mais de qualité inférieure » (par rapport aux deux classes précédentes). « *Lenoir,* écrit-il, de la classe de l'*Herbemont,* mais plus précoce d'environ une semaine ; de bonne qualité, mais trop improductif pour être recommandé. Grappe moyenne, *compacte,* ailée baies petites, arrondies, noires, douces et bonnes. »

Voici enfin ce qu'en disent MM. Bush (*Illustr. Catal.*, p. 36) :

« *Lenoir,* raisin du Sud, de la classe de l'*Herbemont*. Grappes moyennes, compactes ; grains petits, arrondis, d'un pourpre foncé bleuâtre, presque noirs, couverts d'une légère fleur ; chair tendre, sans pulpe, juteuse et vineuse. Bon raisin *précoce* (ceci est relatif), qui, dans des localités favorables, sera estimé pour le vin et pour la table. Plante de forte croissance, mais se mettant tardivement à fruit.

Ces détails laissent encore du vague sur les caractères de cette variété mal connue. J'ai cru néanmoins devoir les citer, parce que le *Lenoir* de M. Laliman, en tant qu'il a su le distinguer de son *Jacquez,* s'est montré, dans l'enclos de ce viticulteur, bien résistant au phylloxera [1], et que, depuis plusieurs années, il lui donne un très-bon vin.

LOUISIANA. — « Introduit dans le Missouri par un viticulteur éminent, M. Fréd. Münch. Il l'avait reçu de

[1] J'insère ici comme élément de comparaison, la description inédite que M. Pulliat a bien voulu me donner du *Lenoir* de sa collection :

« *Lenoir* : bourgeonnement roussâtre, duveteux, passant au rose violacé foncé, puis au vert. Feuille surmoyenne ou grande, glabre supérieurement, un peu glaucescente inférieurement, et légèrement garnie d'un duvet aranéeux. Sinus supérieurs profonds ou très-profonds, arrondis à leur base et presque fermés ; les secondaires, assez profonds ; le pétiolaire, ouvert lorsque la feuille est aplatie, paraissant fermé lorsque la feuille est relevée en gouttière, ce qui est son port habituel ; pétiole long ou très-long, fort. Grappe moyenne, compacte ; grains petits, sphériques ; chair un peu pulpeuse, un peu sucrée, assez relevée ; peau un peu mince, résistante, d'un noir pruiné à la maturité, qui est de troisième époque. »

M. Theard, de la Nouvelle-Orléans, où il aurait donné pendant trente ans des fruits abondants et délicieux. M. Munch croit à l'origine européenne de la plante et la range dans le groupe des vignes de Bourgogne. M. Fr. Hecker, non moins sûr que c'est un cépage d'Europe, croit y reconnaître le *Clavner*, variété de son pays natal, le grand-duché de Bade. M. Husmann, au contraire, la tient bel et bien pour américaine et du groupe des *Æstivalis*. Tous s'accordent à dire que c'est un très-bon raisin et qui donne un excellent vin. Grappe de grosseur moyenne, ailée, compacte, très-belle ; grains petits, ronds, noirs ; chair sans pulpe, juteuse, douce et vineuse ; qualité excellente. Plante de forte croissance, très-saine, plus ou moins productive, suivant le sol et la culture, demandant à être protégée l'hiver.

» Le *Lousiana* et le *Rulander* (ou plutôt ce que nous appelons ici, dans le Missouri, *Rulander*) se ressemblent tellement par l'aspect général, le mode de croissance et le feuillage, que nous sommes incapables de les distinguer, si ce n'est par le fruit, lequel, du reste, mûrit en même temps (très-tardivement) chez les deux. Les deux variétés sont évidemment très-voisines ; mais il y a une grande différence dans le moût et le vin de l'une et de l'autre.

» Chez M. Münch, le *Louisiana* est plus productif et donne des raisins plus jolis et plus délicieux que le *Rulander* ; chez M. Husmann, le *Rulander* est plus productif que son rival. » (Bush).

Dans une lettre à MM. Blouquier-Leenhardt, de Montpellier, MM. Bush placent ce *Lousiana* à côté du *Cunningham* et de l'*Herbemont*, comme cépage à vin blanc résistant au phylloxera.

Norton, ou Norton's Virginia, ou Norton's Virginia
seedling, ou Norton's Seedling. — «Né de la graine d'un
raisin sauvage (des forêts du comté de Hanovre, en Virginie), dans le jardin du docteur D.-N. Norton, amateur d'horticulture, qui fit connaître ce cépage au public vers 1829. Il s'était peu répandu, lorsque, vers
1849, M. Heinrichs et le docteur Kehr en portèrent
chacun quelques sarments à nos vignerons d'Hermann
(Missouri). Ce petit raisin, d'apparence insignifiante, que
Longworth, le père de la viticulture américaine, avait
déclaré sans valeur, et qui ne convient guère, en réalité,
aux États de Pennsylvanie, Ohio, New-York, etc., est devenu la variété par excellence comme vin rouge, non-
seulement dans le Missouri, où ses qualités ont été
d'abord appréciées et mises en pleine lumière, mais
aussi dans son État natal et presque partout où la vigne
peut être plantée. Elle est maintenant si populaire, que
nos vignerons peuvent à peine croire à l'existence possible d'un cépage supérieur, et pourtant nous réclamons
cette suprématie en faveur du *Cynthiana*.

« La grappe du *Norton* est longue, compacte et ailée ;
les grains petits, noirs, à jus foncé, d'un rouge bleuâtre,
presque sans pulpe à maturité parfaite ; goût doux et relevé ; maturité tardive, en octobre. Plante vigoureuse,
saine, productive une fois qu'elle est bien établie, mais
très-difficile à transplanter et à propager de bouture.
Partout où le climat lui permet de mûrir parfaitement, le
Norton réussira dans un sol quelconque. Dans les fonds
riches, il se met promptement à fruit et donne d'énormes
récoltes ; sur les collines élevées, à sol maigre et à exposition sud, il tarde à fructifier, mais produit un vin
des plus riches, très-corsé et de qualités médicinales supérieures (c'est le grand remède, à Saint-Louis, contre la

dysenterie et les maladies d'entrailles). Il a un goût de café qui d'abord déplaît à beaucoup de gens, mais qui ne tarde pas à séduire le palais des connaisseurs. Moût, 115, répondant à 15 p. 100 d'alcool. » (Bush).

Les témoignages américains sont unanimes en faveur de ce remarquable cépage. Je puis y joindre le mien quant à sa résistance au phylloxera et aussi quant aux qualités de son vin : voir ce que j'ai dit sur ces deux points en divers passages de mon rapport. Les caractères de la variété sont très-prononcés : on peut la distinguer aisément à la nature floconneuse du duvet roux qui revêt le revers inférieur des feuilles et toutes les parties jeunes des pampres, comme aussi à l'apparence rugueuse imprimée à la face supérieure par le réseau des nervures [1].

A Restinclères, près Prades (Hérault), quelques *Nortons*, plantés il y a deux ans, en terrain phylloxéré, entre des plants de Bordeaux restés très-chétifs, ont au contraire une très-belle apparence.

Pauline. Synon.: *Burgundy of Georgia, Red Lenoir,*

[1] « Bourgeonnement duveteux, d'un roux foncé, légèrement teinté de rose sur le bord des jeunes feuilles. Feuilles d'un vert clair, passant au vertjaunâtre (je les ai vues parfois assez foncées), plus longues que larges, glabres supérieurement, très-légèrement garnies inférieurement d'un duvet roussâtre sur les nervures et les sous-nervures. Sinus supérieurs peu profonds, les secondaires nuls, celui du pétiole fermé ou presque fermé ; dents peu profondes, inégales, btuses, courtement mucronées ; pétiole de moyenne force et de moyenne longueur. Grappe moyenne ou surmoyenne, un peu longue, assez serrée, cylindrico-conique ; grains à peu près sphériques, petits ; peau épaisse, résistante, d'un beau noir ; chair un peu pulpeue, assez sucrée, relevée, d'une saveur spéciale, qui n'est pas cell de l'*Isabelle*. Maturité de troisième ou quatrième époque. » (Puliat, msc.)

d'après Downing). — « Raisin du Sud, ayant peu de valeur dans le Nord, où il fructifie et pousse mal. Grappes
grosses, longues, atténuées au bout, ailées ; grains petits, très-serrés, de couleur cuivrée ou violette (d'où
sans doute le nom de *Pauline rose* que lui donne M Laliman), avec une fleur lilas ; chair relevée, vineuse, aromatique dans le Sud. » (Downing.)

MM. Bush citent deux autres cépages (ou variétés
du type) connus sous ce nom : l'un à fruits blancs, de
couleur ambrée, l'autre à fruit noir. Voici ce que dit
M. Berckmans dans son *Catalogue descriptif* de 1873 :
Pauline, grappes grandes, grains moyens, ambre pâle
ou couleur bronze, juteux, vineux et délicieux ; mûrit
vers le milieu d'août. Végétation remarquable, mais
improductif dans ces dernières années ; il y a dix ans,
c'était un raisin extrêmement productif et très-estimé. »

RULANDER ou SAINTE-GENEVIÈVE. (Synon: *Amouroux,
Red Elben*, d'après Downing). — Le nom de *Rulander* est,
paraît-il, celui d'un cépage de la région lu Rhin, en
Allemagne ; celui de *Sainte-Geneviève* vien d'une localité de ce nom, sur le bord occidental du cours inférieur du Mississipi, où d'anciens colons françis auraient,
d'après la tradition, importé ce cépage ; mis la tradition se trompe, car le cépage en question, omme l'ont
reconnu Downing, Husmann, Bush et autres, st bien sûrement du groupe américain des *Æstivalis*. (I ne faut pas
le confondre avec le *Logan*, que l'on a parbis vendu à
sa place et qui est un *Labrusca*). «Grappes asez petites,
très-compactes, ailées ; grains petits, noirs, ans pulpe,
juteux, doux et délicieux ; n'est sujet ni a *rot*, ni au
mildew. Plante de croissance vigoureuse, frte, court
nouée, à feuilles cordiformes, d'un vert tenre, lisses,

tenant au sarment jusqu'aux derniers jours de novembre, très-saine et robuste, mais demandant protection en hiver (dans le Missouri, non chez nous, où les hivers sont bien moins rigoureux).

Quoique ne donnant pas de *fortes* récoltes, ce cépage compense par la quantité ce qui lui manque du côté de la qualité : il donne un excellent vin rouge clair, ou plutòt brunâtre, ressemblant au Xérès, et souvent primé comme le meilleur entre les vins à couleur légère. Moût, 100° à 110°, répondant à 12 $^{7}/_{10}$ — 14 $^{1}/_{2}$ pour cent d'alcool. » (Bush)[1].

TELEGRAPH de Bush, mais non de Downing ; *Christine* de Laliman, non de Bush. — « Semis du *Vitis œstivalis*. M. Sam. Miller, de Bluffton, dit que c'est un des raisins précoces qui ont le plus d'avenir. *Telegraph* et *Christine* sont habituellement donnés comme synonymes ; mais il semble qu'il y a là une erreur : notre *Telegraph* est bien supérieur à *Christine*. Grappe moyenne. ovale, noire, avec une fleur bleue ; chair juteuse, avec très-peu de pulpe, relevée (*spicy*, littéralement : *épicée*, ce qui ne veut pas dire *foxy*) et de bonne qualité ; mûrit d'aussi bonne heure que le *Hartford prolific*. Récolte constante

---

[1] La plante que M. Pulliat a reçue sous le nom de *Rulander* n'es presque sûrement pas la vraie ; il a reconnu lui même le goût un peu *foxe* de ses raisins (goût que j'ai également noté chez lui, en septembre dernier). Par là comme par la grosseur moyenne des grains, sa plante se décèle comme un *Labrusca*, qui pourrait bien être le *Logan*, ce dernier ayant été distribué à tort comme *Rulander* Je fais ces remarques parce que la confusion des noms pourrait bien, dans ce cas comme dans d'autres, amener une erreur dans les expériences, en laissant croire, par exemple, qu'un *Æstivalis* aurait succombé au phylloxera (chose peu probable), tandis que ce serait un *Labrusca* (chose peu surprenante).

et sur laquelle on peut compter. Plante saine, poussant vigoureusement dans un sol riche. » (Bush, *l. c.*)

J'ai déja noté plus haut, à l'article CHRISTINE (ci-dessus, p. 149) la confusion synonymique à laquelle les noms de *Christine* et de *Telegraph* ont donné lieu. L'important à constater, c'est que le plant que M. Laliman appelle *Christine* est certainement un *Æstivalis* (probablement le vrai *Telegraph*); or c'est ce que je puis affirmer d'après une feuille de ce cépage prise chez M. Laliman, dans l'été de 1874, et qu'a bien voulu me communiquer M. Milan Antiche, délégué du gouvernement roumain pour l'étude du phylloxera. Cette feuille a tous les caractères du type *Æstivalis;* sa pubescence (en dessous) consiste en poils aranéeux-floconneux, lâches, occupant surtout les nervures et se détachant en fauve sur un fond un peu glaucescent.

5ᵐᵉ GROUPE. — Variété douteuse quant à l'origine, se rattachant peut-être aux Æstivalis, mais très-délicate au phylloxera

DELAWARE (Synon. *Heath, Italian Wine* d'après Downing). — Origine précise inconnue. Downing dit qu'on l'a trouvé, il y a quelques années, dans le jardin d'un M. Paul H. Prevost, à Frenchtown, comte d'Hunterdon (New-Jersey); d'après M. Bush, il fut mis en évidence par A. Thomson, du comté de Delaware (Ohio). On est indécis sur ses affinités véritables : pour les uns, c'est un *Æstivalis;* pour d'autres (par exemple pour le Dᵣ Engelmann), un *Riparia;* pour d'autres (M. Bush, par exemple', un hybride possible entre un *Labrusca* et un *Æstivalis.* En tout cas, c'est un très-joli raisin, le meilleur, à mon avis, de tous ceux que j'ai goûtés en Amérique, et celui qui se rapproche le plus de nos bons raisins d'Europe. Sa chair fondante, sa peau relativement peu épaisse, son goût franc, dépourvu de toute trace de *foxiness;* une certaine fraîcheur qui manque le plus souvent aux raisins d'Amérique ; sa jolie couleur lilas, adoucie par une fleur blanchâtre des plus délicates; sa précocité, tout le recommande comme raisin de table ; aussi le voit-on partout, dans les grandes villes des États-Unis, aux étalages des marchands de fruits. Ce cépage donne, en outre, un vin à la fois corsé et délicat, de couleur blonde et d'un parfum léger tout spécial. Malheureusement ces qualités incontestable sont gâtées, en Amérique, par son extrême sensibilité par rapport au phylloxera. Le dépérissement fréquent de vignobles entiers de *Delaware* avait frappé naturellement l'attention des vignerons. Mais on attribuait au froid, circonstance vaguement alléguée, ce que Riley a reconnu être l'action du parasite animé [1]. A cet égard, mes observations ont pleinement confirmé les siennes ; en Europe même, les

[1] « Bourgeonnement roux, duveteux, passant au rose violacé, puis au vert clair. Feuille moyenne, glabre en dessus, glaucescente en dessous, très-légèrement garnie ou parsemée inférieurement d'un très-léger duvet aranéeux, peu visible à l'œil nu Sinus supérieurs profonds ou très-profonds; secondaires bien marqués, celui du pétiole ouvert; dents inégales, peu profondes, un peu obtuses, courtement acuminées Grappe petite, assez serrée, courtement cylindrique, pourvue souvent d'une vrille fructifiée, partant du nœud pédonculaire; pédoncules assez longs, grêles; grains à peu près sphériques, portés par un pédicelle un peu court, grêle; chair un peu pulpeuse, bien sucrée, à saveur simple; peau fine et cependant résistante, d'un rouge obscur pruiné. Maturité de première époque

» Cette variété de vigne tient aux *Æstivalis* par la feuille et aux *Labrusca* par la chair un peu pulpeuse, qui devient cependant assez soluble à l'extrême maturité. Le *Delaware* me semble la va-

pieds de *Delaware* ont dépéri dans la vigne phylloxérée de M. Borty, à Roquemaure, juste à côté de ses *Jacquez* luxuriants, le seul pied de *Delaware* survivant n'étant là qu'un témoin misérable de la disparition des autres. Une remarque importante de M. Bush, c'est que le *Delaware* a été greffé *avec succès* sur le *Concord* et le *Clinton*. L'exemple est encourageant pour nos tentatives de greffe de vignes d'Europe sur les cépages résistants d'Amérique [1].

6ᵐᵉ Groupe. — Variétés se rattachant aux types Cordifolia ou Riparia, toutes plus ou moins résistantes au phylloxera

Augwick. — « Nouveau raisin introduit dans le commerce par M. W.-A Fraker, de Shirleysburg (Pennsylvanie). Grappes ailées rappelant le *Clinton*, mais à grains plus gros ; ces grains sont noirs, à jus très-foncé, de saveur relevée (*spicy*). Donné comme échappant au *rot* et au *mildew* et comme produisant un vin rouge très-

riété américaine la plus méritante pour la vinification ; c'est un excellent raisin de table.

» La taille courte sur souche à grand développement (c'est-à-dire sur une charpente étendue) me semble très-bien convenir à ce cépage, dont le sarment est rampant et un peu grêle. » (Pulliat, msc.)

[1] M. Bush dit : « Malheureusement, le *Delaware* ne peut, par suite de diverses causes, prospérer dans toutes les localités ; il faut le planter ici (dans le Missouri) dans un sol profond et riche, à des expositions nord-est et est, et le cultiver avec grand soin. . Il est, du reste, *extrêmement rustique, supportant sans dommage les hivers les plus rudes, pourvu qu'il soit bien portant*. En certaines localités, on l'a trouvé sujet au *mildew* ou desséchement des feuilles : tendance aggravée par le fait de laisser ces vignes trop produire à la fois, chose à laquelle elles sont naturellement sujettes. »

foncé, de qualité supérieure. Cépage très-robuste et très-
sain. » (Bush.)

CLINTON (Synon. *Worthington*, d'après Downing, mais
il n'est pas sûr que ce soit le *Worthington* de Rafinesque (appelé botaniquement par cet auteur *Vitis labruscoides*, var. *rubra*), et ce n'est pas le *Vorlington* du comte
Odart). — Origine un peu incertaine. Strong dit que le
pied primitif existe encore dans le lieu appelé College
Hill, appartenant jadis au professeur Noyes : ce serait
un semis planté en 1821 par l'honorable Hugh Withe,
alors professeur dans Hamilton College, New-York. En
tout cas, c'est un dérivé du type sauvage *Cordifolia*,
soit qu'on le rattache plus étroitement au sous-type
Cordifolia proprement dit, comme sembleraient l'indiquer ses feuilles à peine anguleuses (non lobées), soit que,
avec le Dr Engelmann, on le rapproche plutôt du sous-type
Riparia. C'est un cépage d'une vigueur, d'une rusticité
proverbiales aux États-Unis. A première vue, ses sarments
très-grêles surprennent nos vignerons d'Europe et leur
donnent mauvaise opinion de la plante ; mais ces sarments sont si nombreux, qu'ils forment sur la charpente
des ceps, conduite en cordons ou sur échalas, des touffes
serrées et souvent entassées de pampres. L'abondance
des raisins, d'autre part, compense ce qui leur manque
du côté de la dimension des grappes.

Le goût de ces raisins est manifestement *foxy,* non pas
juste à la manière de l'*Isabelle,* mais avec une nuance que
je ne sais définir. Husmann et Bush assurent qu'il donne
un vin rouge foncé ayant du corps, ressemblant au *Claret*
(ils entendent par là le Bordeaux rouge, mais alors la
comparaison est ambitieuse), et qui serait inférieur au
Norton's Virginia et même au *Concord*. Pour moi, la grande

qualité de ce cépage (abstraction faite du vin, que je ne veux pas juger en bloc), c'est sa rusticité parfaite, sa facilité de reprise et la circonstance que je l'ai vu partout luxuriant (sauf les cas où des insectes mangeurs en avaient dévoré les feuilles), et que la présence du phylloxera sur ses racines et sur ses feuilles n'en avait pas altéré la force végétative. Je borne là ces réflexions, renvoyant pour les détails à de nombreux passages de mon Rapport.

Comme variété, le *Clinton* se distingue aisément à ses feuilles simplement anguleuses, vertes en dessus, munies en dessous d'un duvet simple. grisâtre sur les jeunes pousses, mais ne formant sur les feuilles plus avancées que des lignes de pubescence sur les nervures. Les grappes petites, à grains de grosseur moyenne, un peu *foxy*, sont d'autres signes caractéristiques.

« Grappes moyennes ou petites, non ailées ; grains petits, noirs, avec une fleur bleuâtre ; peau mince, résistante ; chair juteuse, avec peu de pulpe, relevée, vineuse, un peu acide, d'autant plus douce que la plante croît plus bas vers le sud; tourne de bonne heure, mais doit rester longtemps sur le cep (jusqu'après la première gelée) pour atteindre sa maturité parfaite. Moût, 93 à 98°, dépassant quelquefois 100°, ce qui répond à $11^4/_{10}$ — $12^7/_{10}$ pour 100 d'alcool dans le vin. Vigoureux, rustique, productif, sain, mais d'une croissance désordonnée, difficile à contenir par la taille, demandant beaucoup d'espace pour s'étendre et voulant être taillé court sur le vieux bois (coursons sur les branches de charpente) pour donner de bons résultats. Comme c'est un des premiers cépages qui fleurissent au printemps, il est sujet à souffrir des gelées tardives. » (Bush)[1].

---

[1] Bourgeonnement roux grisâtre, légèrement duveteux, passant

Dans la collection de M. Sahut, à Montpellier, telle que je l'ai étudiée en août 1871, le *Clinton* était représenté par des exemplaires nommés par erreur *Delaware, Schuylkill, Schuylkill Khauves (sic)*, et, de plus, par le *Clinton american*. Ces erreurs de nom, inévitables dans les collections, ne sont pas du tout le fait de M. Sahut, et je me garderais bien de les relever, si l'on ne s'était servi de l'état chétif de la généralité de ces plants comme d'un argument contre les vignes américaines en général. Il ne faudrait pas oublier que les exemplaires en question

un peu au rose, puis au vert. Feuille complète, sous-moyenne ou petite, glabre et lisse supérieurement, garnie inférieurement sur les nervures de poils courts et peu apparents, mais assez sensibles au toucher. Sinus pétiolaire ouvert, les secondaires nuls, les supérieurs marqués par une dépression qui n'est pas assez accusée pour être appelée sinus. L'ensemble de la feuille est en forme de cœur, d'où le nom de *Cordifolia* donné au groupe de vignes auquel appartient le *Clinton*; denture assez large, peu profonde, brusquement, finement acuminée. Grappe petite, peu serrée, cylindrique ou cylindro-conique; pédoncule assez large, un peu grêle; grain petit, globuleux, fortement attaché; chair ferme, pulpeuse, un peu acidulée, peu sucrée; saveur presque simple ou un peu relevée; peau assez épaisse, résistante, d'un noir foncé, pruiné à la complète maturité, qui est de troisième époque.

La floraison du *Clinton* a lieu du 20 au 30 mai (à Chiroubles, Rhône); la véraison de son fruit, au commencement de la maturité, devance de quelques jours celle de nos raisins à vin précoces, le *Pineau*, le *Gamay*, mais la maturité complète de son fruit est bien plus lente à s'accomplir. Ce raisin n'est agréable à manger et probablement bon à faire du vin, qu'après les premières gelées blanches du mois d'octobre, gelées qu'il supporte très-bien sans se détériorer. Cette variété, vigoureuse et à sarments longuement rampants, doit être conduite à grand développement et taillée à long bois, mais non excessivement prolongé, excès qui en empêche la bonne maturation et produit, dans les grappes, une certaine quantité de grains qui restent verts et se dessèchent lors de la maturité complète. (V. Pulliat, msc.)

ont été tenus plusieurs années en pépinière, serrés les uns contre les autres, au lieu que les vignes américaines demandent beaucoup d'espace pour prendre leur développement normal.

Le cépage que j'ai vu chez M. Laliman, en 1871, sous le nom de *Clinton,* et dont j'ai gardé un exemplaire dans mon herbier, est certainement le *Taylor.* C'est aussi le *Taylor* que M. Laliman a envoyé à M. Gaston Bazille, en 1872, sous le nom de *Clinton :* on peut en voir l'exemplaire vivant à l'École de pharmacie de Montpellier : mais M. Laliman possède aussi le *Taylor,* sous le nom de *Taylor blanc.*

GOLDEN CLINTON, *Clinton doré.* (Synon. *King,* d'après Bush). — « Semis du *Clinton* et ressemblant au type, sauf que ses raisins sont d'un blanc verdâtre. D'après M. Campbell, il serait inférieur au *Clinton.* M. Bush se demande si M. Campbell et lui-même ont eu la vraie plante sous les yeux. Variété mal connue.

MARION. — Origine inconnue. Grappes fortes ; grains ovales, arrondis, d'un noir purpurin, pulpeux au centre, âpres ; véraison précoce, mais maturité tardive. » (Downing.)

Variété obtenue, en Pennsylvanie, par M. Samuel Miller. M. Bush suppose qu'elle sera bonne, mais la connaît trop mal pour la recommander. Riley la place dans le groupe des *Cordifolia* et la compte parmi les variétés bien résistantes.

OPORTO. — « De la même race que le *Taylor's Bullit.* Plante américaine, décorée d'un nom étranger. Grappes habituellement très-imparfaites ; grains petits, noirs.

âpres et très-acides. Pauvre variété, d'après Fuller ; complet *humbug* (trompe-chaland), d'après Husmann.

TAYLOR, ou BULLIT, ou BULLET, ou TAYLOR'S BULLIT. — Varieté signalée par le juge Taylor, de Jéricho, comté d'Henri, Kentucky. On lui reproche de ne pas être fertile. M. Bush pense que les ceps ont besoin de vieillir et d'être taillés sur vieux bois pour se mettre bien à fruit. La plante appartient bien évidemment au type des *Cordifolia*, et, par ses feuilles un peu lobées, se rattache particulièrement à la forme *Riparia* de ce même type. Elle se reconnaît aisément à ses feuilles glabres, lisses, luisantes, à pétiole et à nervures principales rouges. Ses petites grappes, à grains blancs, ambrés, arrondis, doux, fondants, complètent ce signalement. Le vin de *Taylor* est blanc, très-corsé, d'un bouquet délicat, et rappelle, peut-être plus qu'aucun autre, le célèbre *Riessling* du Rhin. Ce qui nous intéresse, du reste, c'est sa résistance au phylloxera, résistance constatée par Riley, par Bush, par moi-même, et que je crois être égale au moins à celle du *Clinton*. Un pied de *Taylor*, mis par M. Gaston Bazille au milieu d'une vigne phylloxérée de Mre Serres-Solignac, au domaine de Soriech, près Montpellier, est resté très-sain et très-beau depuis 1872 jusqu'à ce jour, pendant que périssaient autour de lui des boutures de vignes françaises, imprudemment plantées à la place des vieux ceps abîmés par le phylloxera[1].

[1] « Bourgeonnement roussâtre, très-légèrement teinté de rose, passant au vert clair, peu duveteux Feuilles complètes, surmoyennes ou grandes, glabres sur les deux faces. Sinus supérieurs peu profonds, marqués seulement par le prolongement des lobes, qui sont longuement acuminées, ainsi que le terminal; sinus secondaires à peu près nuls, sinus pétiolaire bien ouvert ; nervures ordinairement rougeâtres à leur point de depart du petiole, dents lar-

7ᵉ Groupe. — **Hybrides entre les Cordifolia et des vignes françaises plus ou moins sensibles au phylloxera**

Ces hybrides sont connus sous le nom d'*Arnold's hybrids*, parce qu'ils ont été obtenus par M. Charles Arnold, de Paris, dans le Canada. La Société d'horticulture de cette localité les a vantés, non-seulement pour leurs fruits (ce qui peut être très-juste), mais aussi pour leur vigueur de végétation et parfaite rusticité (*hardiness*), ce qui peut être vrai quant à leur résistance au froid et pouvait l'être au commencement de leur croissance, avant que le phylloxera ne les eût saisies. Mais, depuis lors, l'expérience a montré chez quelques-uns cette disposition à succomber sous cette attaque, que leur communique sans doute l'élément paternel (pollen de vignes d'Europe), mêlé à la constitution maternelle (ovules de *Cordifolia*). C'est, néanmoins, à l'expérience seule à décider dans quelle mesure tel ou tel de ces hybrides se montrera sensible ou résistant au phylloxera. La question me semble douteuse et pendante jusqu'à nouvel examen.

Autuchon (*Arnold's hybrid*, nᵒ 5). — Obtenu en 1859 de graines de *Clinton*, fécondées par le Chasselas doré.

ges, assez longues, aigues ; pétiole ordinairement long, de moyenne force, souvent teinté de rouge Grappe petite, légèrement conique ou cylindro-conique; pédoncule assez long, un peu grêle; grains très petits, passant du vert au blanc jaunâtre rosé, quelques grappes sont complétement roses: chair un peu pulpeuse, peu juteuse, sucrée, agréable. Cette vigne a beaucoup d'analogie avec le *Clinton*, par sa végétation, son feuillage et la forme de sa grappe C'est donc à tort que l'on a formé un groupe à part pour le *Taylor*, sous le nom de *Riparia*. »(Pulliat. msc.)

Feuilles d'un vert foncé, très-profondément lobées, avec des serratures aiguës. Le bois non aoûté est d'un pourpre très-foncé, presque noir. Grappes très-longues, peu ailées, assez lâches ; grains de grosseur moyenne, arrondis, blanc verdâtre. Chair un peu ferme, mais fondante, à goût relevé et agréable, rappelant le Chasselas blanc. Peau fine, sans astringence. Mûrit en même temps que le *Delaware*. M. Samuel Miller, le créateur du *Martha*, fait comme suit l'éloge du nouveau raisin : « J'avais toujours vu dans le *Martha* le meilleur de nos raisins indigènes ; mais, après avoir vu et goûté l'*Autuchon*, je baisse pavillon devant ce dernier. S'il mûrit bien au Canada, et qu'il se perfectionne comme les hybrides de *Rogers* en venant plus au sud, nous n'aurons pas mieux à désirer; à lui seul ce sera un trésor. » (Bush, *Catal. illustré*, avec vignette représentant une grappe et une feuille.)

BRANT (*Arnold's hybrid*, n° 8.)—Obtenu de graines de *Clinton* fécondé par un mélange de pollens de vignes d'Europe (Downing). (M. Bush dit par le pollen du *Black Saint-Peters*, ce qui prouve combien, au fond, les origines vraies de ces hybrides sont incertaines). « Plante vigoureuse et saine. Feuilles d'un vert foncé, teinté de rouge (les jeunes pousses rouge de sang, Bush) profondément lobées, glabres sur les deux faces. Grappes et baies moyennes, noires. Chair non pulpeuse, très-juteuse, douce et devenant aromatique à parfaite maturité. Maturation précoce. » (Arnold, cité par Downing.)

J'ai vu dans l'*Agricultural Department*, de Washington, un pied de *Brant* très-malade, à racines pourries, sans qu'on y trouvât le phylloxera, qui aurait pu, du reste, y être avant.

Canada (*Arnold's hybrid,* n° 16). — Obtenu de graines de *Clinton,* fécondées par le pollen du *Black Saint-Peters* (Alicante). Plante et feuillage rappelant assez le *Clinton.* Le fruit également rappelle ce dernier quant à la grappe, mais les grains en sont plus gros. Grappes ailées et grains surmoyens. Peau fine, noire, avec une belle fleur. Chair dépourvue de pulpe, juteuse, avec un parfum étranger appréciable. Mûrit en même temps que le *Concord.* » (Arnold, cité par Downing.) Végétation vigoureuse, feuillage particulier ; plante rustique et mûrissant bien sur bois. Sera probablement très-bonne pour la cuve.

On a vu ci-dessus, p. 135, que des pieds de *Canada* (ou tout au moins supposés tels), ont péri dans le terrain phylloxéré de M. Henri Aguillon. Il ne faudrait pas, néanmoins, juger ce cépage sur cette seule expérience.

Cornucopia (*Arnold's hybrid,* n°2). —Obtenu en 1859, de graines de *Clinton* fécondées par le *Saint-Peters* (Alicante). Plante très-saine et vigoureuse. Feuilles grandes, d'un vert foncé, glabres sur les deux faces. Bois court, noué. Très-productif et tenant longtemps ses raisins. Grappe forte, compacte, ailée. Grains surmoyens, très-noirs, avec une jolie fleur ; peau mince ; chair juteuse, sans pulpe. Mûrit en même temps que le *Concord* qui est précoce. (C. Arnold, cité par Downing)

J'ai vu à Webster (Missouri) un *Cornucopia* très-beau, à côté d'autres *Arnold's hybrids* chétifs, bien qu'on les dît greffés sur des *Hartfords prolific.*

Othello (*Arnold's hybrid,* n° 1). —*Canadian Hamburg, Canadian Hybrid.* « Croisement de ce que l'on appelle *Clinton* au Canada (mais qui n'est pas le vrai *Clinton*), fécondé par le pollen du *Black Hamburg.* Grappes et grains

très-gros, rappelant beaucoup le *Black Hamburg* pour
l'apparence, noirs, avec une jolie fleur. Peau fine, chair
très-ferme, mais non pulpeuse ; goût pur et relevé, mais
un peu acide dans les raisins que nous avons goûtés.
Mûrissant avec le *Delaware.* »

Il n'y a pas de doute que, pour cet hybride comme
pour les autres du même semeur, le climat plus méridional et le sol meilleur de Missouri ne puissent qu'améliorer les raisins; et, d'autre part, ayant supporté les
rudes hivers du Canada, ils ne peuvent être que robustes
et sains. » (Bush, *Illustr. Cat.*, avec une belle vignette
représentant grappe et feuille.)

Résumant les travaux classiques des ampélographes
américains, l'énumération qui précède comprend toutes
les variétés importantes sur lesquelles repose la viticulture des États-Unis. Les quelques noms omis, à dessein,
et qu'on touverait dans l'ouvrage de Downing, concernent
des variétés déclarées insignifiantes ou sans valeur, ou
trop mal connues encore pour être jugées. Parmi celles
que nous avons passées en revue, le seul embarras pour
nous, Européens, est de choisir avec discernement celles
qu'il nous convient d'adopter, soit pour leur produit
direct (vin ou raisins), soit comme porte-greffes de
nos espèces indigènes. Pour faciliter ce triage, et tout
en laissant d'ailleurs aux amateurs le champ libre aux
expériences les plus variées, je vais présenter, comme
conclusion pratique, les tableaux de résistance ou de
non-résistance relative des vignes américaines, en commençant par les especes et continuant par les variétés.

ESPÈCES DE VIGNES AMÉRICAINES DONT LA RÉSISTANCE AU
PHYLLOXERA EST ÉTABLIE.

Presque toutes seraient à la rigueur dans ce cas, en tant que vignes des bois, livrées en toute liberté à leur luxuriance naturelle. Le fait même qu'elles persistent comme espèces depuis des siècles, en présence du phylloxera, prouve qu'elles *résistent,* en masse du moins, à l'action destructive de cet insecte, soit par un privilége attaché à leur constitution primitive, soit que, suivant l'ingénieuse hypothèse de Riley, la sélection naturelle, en éliminant peu à peu les individus faibles, n'ait laissé persister que les robustes. Quoi qu'il en soit, néanmoins, de cette *robusticité* générale des plantes sauvages, il ne faudrait pas s'y fier complétement et croire, par exemple, que notre Lambrusque d'Europe, en tant que vigne sauvage, peut braver impunément le phylloxera : les observations de M. C. Saintpierre, à Carpentras ; celles de M. Reich, en Camargue, démentiraient vite cette immunité absolue de la vigne sauvage d'Europe. Parmi les vignes américaines elles mêmes, on peut établir, chez les plus connues, une échelle comparative de résistance graduée à peu près comme suit, en descendant du maximum au minimum :

Vitis rotundifolia, Michx. : pas de phylloxera aux racines ; galles phylloxériques non observées chez le type sauvage.

Vitis æstivalis, Michx. : phylloxera aux racines; galles très-rares sur les feuilles.

Vitis cordifolia, Michx. (comprenant le *V. riparia,* Michx.) : phylloxera aux racines; galles très-abondantes sur les feuilles, mais n'amenant pas de trouble sensible dans la santé de la plante.

La variété dite *Solonis* (*Vitis Solonis*, Hort. Berol.), connue dans la culture seulement, mais probablement sortie des bois, s'est montrée résistante au plus haut degré chez M. Laliman ; on peut donc la recommander *comme porte-greffe* (ses raisins sont sans valeur).

Vitis Labrusca, L. : placée au bas de l'échelle, parce qu'elle a donné naissance à des variété très-sensibles au phylloxera ; mais il n'est pas sûr que le pollen de la vigne d'Europe ne soit pas inconsciemment intervenu dans la création de ces variétés.

Phylloxera fréquent sur les racines ; galles assez rares sur les feuilles.

On peut présumer favorablement de la résistance probable du *Mustang (Vitis candicans*, Engelm.) et du Post Oak (*Vitis Lincecumii*, Buckl.)

On connait trop peu les *Vitis rupestris*, Scheele ; *Monticola*, Buckl. ; *Californica*, Benth., et *Arizonica*, Engelm., pour rien conjecturer sur leurs aptitudes ou leur constitution. Quant au *Vitis caribœa*, c'est une plante tropicale ou subtropicale, non adaptée à la culture en plein sous les climats froids ou tempérés.

2ᵉ ÉCHELLE COMPARATIVE DE RÉSISTANCE DES VARIÉTÉS DE VIGNES AMÉRICAINES, EN DESCENDANT DES PLUS RÉSISTANTES AU MOINS RÉSISTANTES.

A. — Résistants

Scuppernong (rotundifolia) et les variétés analogues (*Mish, Thomas*, etc.). Pas de phylloxera sur les racines ; galles phylloxériques rarissimes sur les feuilles.

Herbemont, Cunningham, Norton's Virginia, Hermann Jacquez, Lenoir et en général tous les *Æstivalis*.

Phylloxera aux racines, galles assez rares sur les feuilles.

Clinton, Taylor, Golden Clinton, Marion, et en général les *Cordifolia* ou *Riparia*.

Phylloxera aux racines ; galles fréquentes sur les feuilles, mais sans effet nuisible, au moins direct.

Concord, Ives seedling, Dracut Amber, Israella, Martha, Christine de Fuller, *York Madeira* (*Vorlington* du comte Odart), toutes dérivées du type *Labrusca*.

Phylloxera sur les racines; galles rares sur les feuilles.

Je ne prétends pas pouvoir établir la résistance relative de ces variétés, les unes par rapport aux autres ; je laisse, à dessein, hors de la liste toutes les variétés de *Labrusca* dont la résistance est douteuse et non constatée.

Wilder (hybride de *Labrusca* et de vigne d'Europe) : considéré comme résistant, sur la foi de Riley et de Bush.

B. — Douteux comme résistance

Hybrides d'*Arnold* (entre le *Clinton* ou une variété voisine et des vignes d'Europe).

Beaucoup de *Labrusca*.

C. — Peu résistants

Isabelle, Catawba, Miles (Labrusca), la plupart des hybrides de *Rogers* (*Labrusca* et vignes européennes), *Delaware* (affinité douteuse entre *Æstivalis* et *Catawba*).

Au-dessous du *Delaware*, considéré comme le moins résistant de tous les cépages américains, viendraient les nombreuses variétés de vignes d'Europe qui succombent presque toutes au phylloxera, mais parmi lesquelles l'expérience pourra peut-être en faire découvrir de relativement plus résistantes. (Voir à cet égard ce que j'ai dit du *Traminer* (ci-dessus', ce que M. Laliman a constaté pour son *Malbec* et ce que M. Pellicot et M. H. Aguillon ont vu à l'égard du *Colombaud* de Provence.)

Dans le tableau ci-dessus, les cépages ne sont considérés qu'au point de vue de leur résistance relative au phylloxera. Pour les apprécier sous d'autres aspects (fertilité, qualité des produits, mode de culture, aptitude à la reprise, etc.), je dois aborder le chapitre de la culture des vignes américaines, sujet encore à peu près neuf en Europe, mais sur lequel les documents abondent aux États-Unis et ne laissent que l'embarras du choix.

CHAPITRE III

CULTURE DES VIGNES AMERICAINES

J'exclus à dessein de ce résumé tout ce qui concerne
la préparation du sol, les labours, choses sur lesquelles
les méthodes générales sont à peu près les mêmes partout et dont les procédés de détail seront vite appropriés
par nos vignerons aux conditions locales du sol ; j'en
retranche également ce qui touche à la vendange, à la
vinification, sujets en dehors de ma compétence et sur
lesquels, d'ailleurs, le moment n'est pas encore venu
d'insister. La chose la plus urgente, une fois les variétés décrites, c'est d'en étudier sommairement le mode
de multiplication, de plantation, de conduite, de taille,
ainsi que les procédés de greffe, qui peuvent nous permettre de donner le plus promptement possible à nos
vignes les racines robustes de leurs congénères trans-
atlantiques. Pour cela, je puiserai largement dans les
œuvres classiques de Fuller, de Strong, d'Husmann, de
Bush, etc., me bornant, du reste, aux indications es-
sentielles et laissant avec confiance à nos vignerons ex-
périmentés le soin des applications et, sans doute aussi,

des perfectionnements, fondés peu a peu sur leur propre
expérience.

A. — MULTIPLICATION

a. – Semis

C'est le mode naturellement employé, lorsque l'on
cherche de nouvelles variétés. Appliqué en grand et
avec une rare persévérance par les viticulteurs des
États-Unis, ce procédé leur a permis de créer en moins
d'un siècle, au moyen de quatre espèces de vignes sauvages (déjà naturellement un peu variées dans les bois),
la plupart des variétés remarquables dont on a lu l'énumération; phénomène d'autant plus intéressant, qu'il reproduit en quelque sorte sous nos yeux, chez un peuple
jeune et sur un sol relativement vierge, ce qui dut se
passer jadis pour nos principales races de vignes sur les
divers points du vieux continent, aux époques obscu-
res de l'antiquité et du moyen âge. Appliqué à la vigne
asiatico-européenne (*Vitis vinifera*), le semis pur et simple (sans hybridation préalable) reproduit souvent le type
ou crée tout au plus des nuances dans ce type, sans
qu'on ait pu, en aucun cas, sortir absolument des groupes déjà connus. Préparé par l'hybridation préalable,
ce mode de multiplication a donné en Europe la série
si remarquable des raisins Bouschet ; en Amérique, les
hybrides de Rogers, d'Arnold, d'Allen, dont quelques-
uns sont des créations tres-perfectionnées au moins par
rapport au porte-graine américain. Un champ très-large
reste donc ouvert aux viticulteurs, pour les essais de
croisement entre les vignes européennes et américaines,

en vue de créer des cépages qui réuniraient les qualités des premières comme raisins, et le privilége des secondes comme résistance au phylloxera.

D'autres chercheront peut-être dans le semis des vignes en général les moyens de raviver la vigueur des
variétés anciennes, qu'ils supposent affaiblies par un
bouturage continu, remontant à des siècles en arrière.
Sans partager les illusions des esprits que séduit cette
chimère, on peut croire que les semis, aidés d'une sélection intelligente, pourraient à la longue nous donner
des cépages spécialement adaptés à la lutte contre le
phylloxera. Une fois créés, ces cépages se propageraient
par boutures à la manière ordinaire, sans qu'on eût à
craindre leur affaiblissement progressif par le marcot-
tage ou le bouturage longuement continué.

Les inconvénients du semis, comme moyen ordinaire
de propagation, sont de plusieurs sortes. D'abord on
n'est pas sûr, en semant une variété perfectionnée, de ne
pas retourner plus ou mois vers le au sauvageon d'où
elle dérive. M. Fuller pense que, sur mille plants ainsi
obtenus, on doit s'estimer heureux s'il s'en trouve un
qui soit en progrès sur la variété mère. En second lieu,
les vignes américaines étant (comme notre Lambrusque,
du reste), polygamo-dioïques, le semis donne beaucoup
de pieds mâles qui ne sauraient porter fruit ; enfin, les
pieds de semis mettent de trois à dix ans à montrer leur
vraie nature par leurs raisins, et ce sont d'habitude les
moins bons qui, dans un semis collectif, devancent à cet
égard les meilleurs. Aussi ce mode de propagation sera-t-il
toujours une ressource exceptionnelle pour la recherche
de variétés nouvelles, et non un moyen pratique de multiplier les anciennes.

Le choix des semences doit se faire sur des raisins

bien mûris, que l'on cueille à l'automne et que l'on fait dessécher pour les garder jusqu'au printemps, ou bien dont on sépare immédiatement les pepins en les stratifiant dans du sable un peu humide, tenu en cave, jusqu'à l'époque du semis en plein air, ou sur une couche chaude M. Fuller préfère le plein air, parce que les plants y deviennent plus robustes, les plus faibles y succombant d'eux-mêmes aux diverses intempéries. Le sol des couches à semis doit être profondément défoncé, friable, tamisé, additionné de fumier bien consommé, à moins qu'il ne soit riche naturellement. Semées au printemps, en lignes espacées de 30 centimètres, pas trop serrées dans les lignes (3 à 5 centimètres de l'une a l'autre), ces graines donnent bientôt de jeunes plants, que l'on a soin d'ombrer dans leur très-jeune âge, de sarcler, d'attacher, dès qu'ils ont trois feuilles, à de petits tuteurs, avantageusement remplacés, en certains cas, par des semis de pommier ou de poirier faits en même temps que les vignes, naissant un peu avant celles-ci et leur servant de tuteurs la première année. Dès que le froid a tué les feuilles, les plants de vigne d'un an sont arrachés et stratifiés dans un sol sec, après amputation d'une portion de leur pousse et d'une moitié de leur pivot radiculaire. On les replante au printemps suivant, en ne leur laissant que 10 centimètres environ de tige et les espaçant de $0^m,90$ ou $1^m,20$ dans un sens et de $1^m,20$ dans l'autre. Suit le détail de soins à donner jusqu'à la quatrième année, époque où plusieurs des plants se mettent à fruit et sont soumis à un triage sévère. Tous ces détails intéressent les pépiniéristes et quelques rares amateurs. On les trouve dans l'ouvrage cité de M. Fuller, d'où je n'ai pris que les plus essentiels, persuadé que les semeurs d'Europe trouveront dans leur propre pratique les moyens de mener à bien cette œuvre de patience et d'art qui s'appelle *la recherche de nouvelles variétés.*

b — Propagation par bouturage d'yeux détachés

Connu en Europe sous le nom de *système Huddelot,* ce mode de multiplication est employé en Amérique, surtout pour les cépages rares et de luxe. Mais, comme il comporte habituellement tout un attirail de pots, de couches chaudes, sinon de serre à multiplication, il n'est guère applicable à la propagation en grand des cépages ordinaires et peut tout au plus être conseillé pour les variétés très-rares et très-chères, dont on voudrait obtenir la rapide multiplication. Toutes les variétés, du reste, ne s'y prêtent pas également. Je l'ai vainement vu essayer par M. Mazel, d'Anduze, et par M. de Lunaret, de Montpellier, pour la multiplication du *Scuppernong.* Il est vrai que ce type est un des plus rebelles à la reprise par boutures, et que la multiplication par les yeux est une bouture réduite à sa plus grande simplicité.

Quoi qu'il en soit de ces difficultés, très-surmontables chez presque toutes les vignes autres que les *Rotundifolia,* la forme à donner aux boutures à un seul œil est assez variée : tantôt on coupe le sarment à un centimètre environ au-dessus et au-dessous de l'œil, en laissant le tronçon intact à sa surface, ou bien en le râclant en long, du côté opposé à l'œil, ou bien en enlevant en dessous une tranche qui mette la moelle à nu et multiplie la surface d'où le cambium s'organisera en racines adventives. Dans ces trois cas, les tronçons sont couchés horizontalement dans le sable, l'œil regardant en dessus et recouvert d'une couche de 6 millimètres environ de sable un peu tassé ; d'autres fois, on taille le sarment assez ras en dessous de l'œil, mais en laissant près de 4 centimètres de bois au-dessus; ou bien on taille assez près de l'œil en dessus, en laissant en dessous un assez long talon coupé en bec de plume: dans ces deux cas, on enfonce les tronçons obliquement dans le sable, dont on laisse toujours une mince couche au-dessus de l'œil. On opère avec des sarments bien aoûtés, coupés à l'automne, stratifiés et tenus en cave en hiver : on les tronçonne et on les plante au premier printemps, si l'on emploie les couches chaudes, ou plus tard, une fois les premières chaleurs venues, si l'on agit en plein air. Sur le choix de la terre, la distance des boutures, le dépiquage et d'autres détails, je renvoie au chapitre du *Grape Culturist* de M. Fuller (pag. 22-36.)

c. — Multiplication par boutures faites en vert (sarments en végétation)

Opération possible, mais exigeant une serre à multiplication, tout au moins une bâche ou une couche chaude, et donnant en somme, le plus souvent, des sujets chétifs, sujets aux maladies et sur l'avenir desquels on ne peut pas assez compter.

d. — Multiplication par boutures ordinaires, à bois aoûté et en plein air

C'est le mode classique, économique, pratique, appliqué de temps immémorial à la vigne. On doit l'employer toutes les fois que la nature des variétés s'y prête et qu'on n'est pas forcé de recourir à des moyens moins directs. Malheureusement toutes les variétés américaines ne sont pas aptes à se multiplier facilement de boutures en pleine terre et en plein air. A ce point de vue, l'exposé suivant, emprunté par Riley à l'expérience de MM. Bush, présente un grand intérêt pratique. Les variétés y sont classées en sens inverse de leur facilité de bouturage.

1. *Hermann (Æstivalis) :* le plus difficile de tous à propager; refusant de pousser des racines, même sur couche à multiplication avec chaleur de fond (*bottom heat*).

2. *Norton's* et *Cynthiana :* avec une saison très-favorable, sur un sol bien préparé et malgré des soins extrêmes, les boutures ne s'enracinent qu'en très-faible proportion.

(J'ai vu le *Norton's* prendre dans la proportion d'un tiers, à peu près, chez MM. Planchon et Durant, aux Graves, près Saint-Hippolyte (Gard).

Une faible proportion de *Cynthiana* a pris chez M. Louis Bazille, à Saint-Aunés, près Montpellier.

3. *Herbemont, Cunningham, Devereux (Æstivalis):* avec des boutures faites de bonne heure en automne, peu après la chute des feuilles et dans de bonnes conditions de saison et de sol, la proportion de réussite sera plus forte que pour les précédentes. Parfois néanmoins l'insuccès est complet.

(L'*Herbemont*, le *Cunningham*, ont en général assez réussi, en pépinière et à l'arrosage, chez M. Jules Lichtenstein, à la Lironde, près Montpellier. La reprise s'en est bien faite aussi, deux années de suite, dans le jardin Bazille-Leenhardt, à Montpellier. Chez moi, en terrain assez sec, insuccès complet.)

4. *Rulander, Louisiana, Alvey* (*Æstivalis*) et *Delaware* (*Riparia,* d'après Engelm.) : moins incertains que les précédents ; avec un traitement habile tendant à faire d'abord former le cal (bourrelet d'où partent les racines), avec de bons soins ensuite, on obtient parfois de bons résultats. Sans ce traitement et ces soins, ces variétés formeront difficilement des boutures.

5. *Eumelan (Æstivalis?), Creveling, Maxatawney (Labrusca)*: s'enracinent plus facilement et, avec les soins voulus, peuvent assez sûrement se propager de boutures.

6. *Hartford prolific, Telegraph* (on entend par là *Christine,* et non le vrai *Telegraph* qui est un *Æstivalis*), *Ives, Concord, Catawba, Iona, Diana* (*Labrusca*) : prennent facilement de boutures. Ces variétés, étant à longs entrenœuds, donnent de meilleurs plants enracinés lorsque les boutures sont courtes (à deux ou trois yeux) que lorsqu'elles sont longues.

7. Les hybrides de *Rogers,* tels que *Goethe, Massasoit, Wilder, Lindley, Agawam, Merrimac, Salem,* etc.
Toutes ces variétés, nées du croissement de nos *Labrusca* avec le *vinifera* d'Europe, poussent de boutures au moins aussi bien que les variétés des deux parents. Les hybrides d'*Arnold,* obtenus du croisement du *Clinton* et de variétés d'Europe, poussent encore mieux que toute autre variété, sauf:

8. Le *Clinton* et le *Taylor,* qui poussent de bouture, comme les saules, presque sans aucun soin.
J'ajouterai que les vignes du groupe des *Rotundifolia* (*Scuppernong,* etc.) se sont montrées jusqu'ici absolument réfractaires au bouturage.

En général, dans le Midi, pour la plantation en grand des cépages ordinaires, on emploie des sarments auxquels on laisse une assez grande longueur (de 40 à 50 centimèt.) et dont on enterre la partie inférieure de 0^m,25 à 0^m,30, en taillant la partie supérieure à 0^m,20 ou 0^m,25 du sol. La plantation se fait le plus souvent sur place, et l'on prépare en même temps des barbées pour remplacer, l'année suivante, les pieds manquants.

Aux États-Unis, où les sarments ont plus de valeur qu'en Europe, on emploie généralement des boutures bien plus courtes (de 15 à 20 centimètres), comprenant deux, trois yeux, plus rarement un seul. Seulement, on enterre ces boutures dans un sol bien préparé (ameubli, engraissé de terreau ou de composts consommés), de façon à ce que l'œil supérieur soit recouvert d'une légère couche de terre et que le bout seul du sarment, taillé obliquement un peu au-dessus de l'œil, affleure juste à la surface ; encore prend-on la précaution de recouvrir les couches à boutures d'une épaisseur de paille qui les préserve des froids et de la dessiccation. Ce mode de plantation par boutures courtes est admirablement exposé dans une brochure de M. Rivière, jardinier en chef du jardin du Luxembourg (*Multiplication de la vigne par bouturage souterrain*. Paris, chez l'auteur, 1872; 31 pages, avec figures), avec cette différence que la bouture telle que la pratique M. Rivière est complétement enterrée. Une autre précaution qu'indique M. Rivière et que prennent les Américains, c'est de stratifier, soit dans des fosses en plein vent, à l'exposition du nord, soit dans le sable modérément humide d'une cave (méthode américaine), les sarments bien aoûtés que l'on a coupés en automne, et dont on doit tirer les boutures au printemps.

La méthode générale du bouturage souterrain, avec stratification préalable, présente des avantages qui devraient la faire adopter, même pour nos cépages vulgaires ; à plus forte raison pour les cépages d'Amérique, dont le prix est plus élevé et la réussite moins sûre.

L'avantage de bouturer par lignes en pépinière, de manière à préparer seulement des barbées à mettre sur place l'année suivante, cet avantage s'explique aisément par la facilité plus grande des soins à donner aux plants, binages, arrosages d'été. On peut discuter sur le bouturage en pépiniere ou le bouturage (plantation) sur place, lorsqu'il s'agit de nos cépages ordinaires ; la question semble tranchée en faveur du premier mode, dès qu'il s'agit de cépages exotiques, dont plusieurs très-difficiles à la reprise.

Les Américains connaissent aussi les *crossettes*, les *malleoli* des Romains, qu'ils appellent *mallet cuttings* ; mais ils en usent peu, sans doute parce que les vignes en fournissent un nombre bien plus restreint que celui des simples boutures sans *chapon*.

L'habitude méridionale de gratter en long les boutures jusqu'au bois vif, de manière à multiplier les chances de production de radicelles adventives sur la couche cambiale mise à nu, ce procédé pourrait probablement s'appliquer avec avantage aux vignes américaines. Quant aux détails de l'installation des pépinières à barbées, formation des tranchées, direction verticale ou légèrement inclinée donnée aux boutures, espacement des boutures dans le rang ($0^m,08$ à $0^m,10$). écartement des lignes (environ $0^m,60$), les essais des vignerons combleront vite les lacunes que nous laissons dans ce sujet.

e. — Multiplication par marcottes

Le marcotage est le seul moyen qu'on connaisse pour multiplier (en dehors du semis) les vignes du groupe des *Rotundifolia ;* encore faut-il que ce marcotage se fasse dans le courant de l'été, avec des sarments de l'année en végétation et avec l'aide d'une ligature que l'on fait avec du fil de fer autour du point où l'on veut faire développer les racines adventives. Cette pratique du marcotage avec les sarments de l'année a été appliquée aussi aux vignes ordinaires; mais M. Fuller la condamne, comme donnant des sujets malingres et sans avenir.

Pour les vignes ordinaires (*Labrusca, Æstivalis*, etc.), les provins se font de deux façons : ou bien pour remplacer les vides dans les vignobles ; dans ce cas, on abaisse dans une tranchée le sarment à marcoter, on l'y couche en redressant l'extrémité qu'on laisse surgir au dehors, et qu'on taille en vue d'en faire un cep permanent. Ou bien on se sert du marcotage pour obtenir des sujets nouveaux, qui, une fois enracinés, pourront être séparés et plantés à part, à la manière des barbées ordinaires ; dans ce dernier cas, on plante en boutures enracinées les pieds destinés à fournir plus tard des boutures. Le sol doit être très-fertile et les distances entre les ceps assez grandes (de 1^m, 80 à 2^m, 40); on taille très-près du sol, de manière à ne laisser pousser qu'un sarment, qu'on fixe à un échalas et qu'on taille à trois ou quatre yeux à l'automne (après l a chute des feuilles); au printemps suivant, on ne laisse pousser que deux sarments, qu'on attache également à l'échalas primitif. Si

les deux sarments de deuxième année sont vigoureux
(qu'ils aient par exemple de 1ᵐ 80 à 2ᵐ 40 de long), on
peut s'en servir le printemps d'après (troisième année)
comme provins ; sinon, on supprime entièrement le plus
faible, on taille l'autre à deux ou trois yeux et l'on ne
laisse encore que deux sarments pour la pousse de troisième année ; au printemps, fin février ou 1ᵉʳ mars de
l'année suivante (3ᵐᵉ ou 4ᵐᵉ année, suivant le cas), on pro-
cede au provignage. Pour cela, on taille à trois ou quatre
yeux un des sarments, on raccourcit à une longueur de
1ᵐ80 à 2ᵐ10 le sarment le plus vigoureux : c'est celui
qui va servir de provin ; on creuse dans le sol une rigole ou tranchée d'environ 0ᵐ10 à 0ᵐ16 de profondeur,
avec une longueur égale à celle du sarment; on abaisse
le sarment, on l'assujetit à plat au fond de la rigole, au
moyen de crochets en bois ou d'une ou deux pierres. La
tranche reste ouverte et ne commence à être comblée
que peu à peu, à mesure que les pousses de la marcotte
ont pris de la consistance, et ne risquent pas de pourrir
dans la terre humide. Parmi ces pousses, on ne conserve
que celles dont la vigueur est évidente ; on supprime de
bonne heure celles qui sont faibles ou mal venues : les
plus fortes sont habituellement celle de la base et celle
de l'extrémité du provin (dans ce cas on a soin de les pin-
cer, pour ne pas trop sacrifier leurs voisines); un sarment vigoureux peut donner de quatre à six pousses.
A chacune on donne un échalas, qui en facilite la croissance verticale. A la fin de la saison ou au printemps
d'après, on peut opérer le tronçonnement du provin
en déterrant ce dernier dans toute sa longueur, avec une
pioche, et séparant successivement chaque pousse ou
sarment latéral, à partir du plus voisin du pied mère, et
laissant à chaque jet la portion de sarment enracinée qui

s'étend de sa base à la base du jet qui le précède. Ainsi séparés, les jets d'un seul provin deviennent autant de boutures enracinées.

Telles sont les indications empruntées à M. Fuller. Il y aura probablement lieu d'en tenir compte en Europe, si l'on a besoin de multiplier sur une large échelle les variétés de vignes américaines qui prennent difficilement de boutures. Pour celles-là, du reste, notamment pour les *Æstivalis,* que nous avons tout intérêt à propager rapidement, le procédé qui me semblerait le plus rationnel, c'est la combinaison de la greffe et de la marcotte, opérée de la façon suivante :

Prendre de simples boutures, telles que le commerce les fournit, c'est-à-dire des tronçons de sarment, les greffer sur des sujets vigoureux de vigne française, sur notre *Aramon* par exemple. Faite sous terre, à la façon ordinaire, en fente sur le vieux pied recepé, cette greffe donne pour la première année de magnifiques résultats : j'entends comme végétation car chez M. Fabre, chez M. Gaston Bazille, à l'École d'agriculture de la Gaillarde, chez M. Paulin des Hours-Farel, on a pu voir les greffes de six mois atteindre des longueurs de plusieurs mètres et se ramifier dès la base, en un faisceau souvent très-multiple de sarments. En choisissant parmi ces sarments de greffe les plus vigoureux (et supprimant les autres par la taille), rien n'empêchera d'en faire, l'année suivante, des provins à plusieurs jets, qui donneraient l'année d'après (3e année) de très-bons plants enracinés. L'opération serait un peu longue, sans doute ; mais, comme la valeur des plants enracinés des *Æstivalis* est assez grande, il vaudrait la peine de s'en procurer de tout portés, dans d'excellentes conditions, moyennant le sacrifice momentané de quelques porte-greffes, sans compter que l'on pourrait laisser sur ces pieds mères le principal sarment de la greffe américaine, soit comme source de provins successifs, soit comme cep en rapport, taillé et palissé comme il est dit plus loin.

L'expérience que je propose ici, sous toutes réserves, mérite en tous cas d'être tentée : elle n'entraîne ni grands frais, ni difficultés pratiques : une ou deux années suffiront pour la juger.

f. — Multiplication par greffage d'yeux détachés sur des tronçons de racine

Cette opération n'est pas décrite dans les ouvrages que j'ai sous les yeux ; mais elle est indiquée par MM. Bush dans une lettre à M. Reich, comme étant pratiquée par eux avec succès et pouvant être essayée en Europe. Ce doit être une greffe à écusson ou en placage, faite sur des racines en pleine séve, avec des yeux détachés de la variété à propager. Les Américains s'en servent pour leurs cépages : nous aurions à l'employer pour greffer nos propres cépages sur des racines de cépages américains, lesquelles donneraient l'appareil radiculaire du sujet, tandis que l'œil européen se développerait en bois.

B. — LA GREFFE CONSIDÉRÉE COMME MOYEN DE TRANSFORMATION ET DE CONSERVATION DES VIGNOBLES

L'usage habituel de la greffe est de transformer en producteurs perfectionnés des pieds de sauvageons ou de variétés inférieures. Appliquée à la vigne d'Europe

depuis les temps les plus reculés. cette opération est
bien connue, dans notre Midi surtout, comme un moyen
souvent utile de transformer sur place des vignobles
entiers et de leur donner comme une seconde jeunesse.
Mais, dans les conditions nouvelles que nous crée la
présence du phylloxera, la greffe se présente sous un
aspect presque nouveau. Etant admise la résistance
de certains cépages américains à l'action destructive de
l'insecte, étant reconnue la faiblesse qu'offrent à cet
égard nos cépages indigènes, on a songé naturellement
à faire des vignes résistantes les nourrices des vignes
non résistantes, en insérant sur le système radiculaire
des premières le système aérien, végétatif et fructifère,
des secondes. Avant même de songer à cet égard aux
vignes américaines, l'attention de quelques chercheurs
(de M. Gaston Bazille, par exemple) s'était portée sur
une des plantes de la famille des vignes : la vigne vierge,
ou *Ampelopsis hederacea*, que l'on supposait devoir échapper plus ou moins au phylloxera, et pouvoir porter
des greffes de vigne d'Europe : ces deux points ne sont
encore nettement établis ni pour la vigne vierge ordinaire (d'Amérique), ni pour une autre vigne vierge du
Japon, l'*Ampelopsis tricuspidata*, Sieb. et Zucc. (*Ampelopsis Veitchii* des jardins), que mon ami M. Eugène
Mazel, d'Anduze, a soumis à des essais de greffage par
nos vignes cultivées. Les essais faits par G. Briant,
jardinier en chef de l'École normale de Cluny, du greffage de *Scuppernong* sur la vigne vierge commune,
n'ont pas donné de résultats décisifs : les greffes, après
une apparente réussite, ont fini par se dessécher. Mais
il ne faudrait pas de quelques tentatives isolées, faites
surtout avec un cépage à bois très-dur, conclure à la
non-réussite possible de la greffe des vignes ordinaires

sur vigne vierge ; il est même probable que l'opération
a réussi quelque part sans que je le sache, ou réussira
sans trop de peine ; car il n'y a pas à opposer a ces
probabilités l'objection d'absurdité manifeste qu'on aurait dû faire, dès le premier jour, aux prétendues greffes
de vigne sur mûrier !

On avait songé également, comme porte-greffe robuste, à notre Lambrusque sauvage. Mais il faut renoncer à cette espérance depuis que M. Camille Saintpierre,
et plus récemment M. Louis Reich, l'intelligent régisseur
du beau domaine de l'Armeillière, en Camargue, nous
ont donné la preuve que la Lambrusque elle-même peut
succomber aux attaques du phylloxera [1].

Restent donc comme ressource les vignes américaines que nous avons signalées ci-dessus (p. 203-204),
comme particulièrement résistantes au phylloxera. Mais,
avant d'aborder les procédés proprement dits de greffage, il sera bon de traiter quelques questions préjudi-
cielles sur l'état des sujets à greffer.

Et d'abord est-il convenable, d'une manière générale,
de prendre comme porte-greffe de vignes américaines
(destinées ultérieurement, soit à vivre de leur propre vie

---

[1] Les observations de M. C. Saintpierre ont été faites près de
Carpentras, dans une terre sèche de garrigue et bois ; celles, plus
récentes, de M. Reich, ont porté sur des pieds de Lambrusque
plongeant par leurs racines dans un talus de fossé humide, dont le
sol, d'une admirable fertilité, nourrit tout à côté d'autres Lambrusques luxuriantes. Sur les racines des Lambrusques mortes,
M. Reich a vu, et j'ai retrouvé, tous les symptômes du mal phylloxérique : nodosités radicellaires, nodosités superficielles, insectes
hibernants. Il y avait de plus, sur ces racines une coccidée, que je
crois reconnaître pour le *Lecanium vitis*, cochenille bien connue
sur les sarments de la vigne, mais que M. Reich aura eu le mérite
de trouver a l'état d'hibernation sur les racines.

et à porter leurs propres fruits, soit à devenir à leur tour des sujets pour des vignes d'Europe), est-il convenable de prendre, dans ce but, de vieilles vignes de nos pays plus ou moins souffrantes du phylloxera? M. Fabre a tenté l'aventure sur des milliers de ceps de son vignoble du Fournel; mais il a loyalement reconnu que, si les résultats ont pu en être partiellement satisfaisants, ils ont très-souvent été négatifs. Voici comment s'expliquent aisément ces insuccès. Inséré dans le bois encore vivant du cep phylloxéré d'Europe, le greffon américain profite du peu de séve qui reste encore dans ce sujet épuisé ; mais, par cela même qu'il reçoit une nourriture toute faite, il ne développe pas ses propres racines adventives comme le ferait une bouture, ou, s'il en pousse quelques-unes, leur nombre et leur force ne sont pas en rapport avec la végétation extérieure de la greffe. Que la source de séve du vieux sujet vienne à tarir, la jeune greffe se desséchera faute d'aliment; que le vieux sujet dure encore assez pour que la greffe vive la première année, cette greffe pourra vivre l'année par les racines qu'elle émettra de sa base ; mais alors elle est devenue bouture. avec cette circonstance aggravante qu'elle repose sur un vieux tronc pourri et dans un milieu déjà épuisé par la végétation antérieure d'une vieille vigne.

Donc, sans songer à blâmer M. Fabre de son entreprise hardie, nous désirons dégager, comme il l'a fait du reste lui-même, de cette expérience sur le cadavre (*in anima moriente,* tout au moins), la question toute différente de la greffe de nos cépages européens sur les vignes américaines. Ici se présente un autre point à régler : puisque c'est le porte-greffe américain qui doit résister au phylloxera, ne pourrait-on pas faire la greffe de telle sorte que le cépage d'Europe ne pût jamais pousser ses propres racines? En d'autres termes, doit-on essayer de faire la greffe *hors de terre*? et, dans ces conditions, l'opération est-elle possible et avantageuse?

Possible, elle l'est, et cela de plusieurs façons. D'abord, à Thomery, le pays classique des Chasselas de Fontainebleau, la greffe la plus usitée consiste à pratiquer avec une gouge spéciale, sur le bas de la tige du sujet, une rainure dans laquelle on fait entrer une portion correspondante du bois de la greffe, préalablement écorcé sur l'étendue où les deux libers et les deux couches à cambium doivent se toucher; le sujet est tantôt rabattu, pour l'opération à 0^m, 20 — 0^m, 25 au-dessus du sol, tantôt laissé long et même greffé sur divers points de sa longueur. Le greffon est tantôt une jeune plante enracinée, tantôt une bouture simple : dans le premier cas, c'est la *greffe par chevelée;* dans le second cas, la *greffe par bouture.* On peut voir le détail de l'une et l'autre dans l'article du *Livre de la ferme* de Joigneaux (tom. II, p. 386) intitulé: *Culture de la vigne en treilles*, par M. Rose Charmeux. M. Baltet (même ouvrage, II, p. 161-162) appelle le second cas : *greffe par rameau-bouture.*

La greffe en écusson n'est guère usitée, que je sache, sur les parties aériennes de la vigne. On pourrait néanmoins l'essayer, ainsi que la greffe en placage et celle qu'on appelle greffe par inoculation. La difficulté de toutes ces greffes hors de terre, c'est d'exposer à la dessiccation les parties mises en contact; mais on peut obvier à ce danger par des ligatures et par l'application de corps plastiques protecteurs : c'est une question d'adresse et d'expérience qui n'arrêtera pas les praticiens.

Quant à la greffe souterraine, la plus usitée pour la vigne, ses formes sont variées. Les Américains prati-

quent la greffe en fente principalement sur des sujets
peu âgés, nous la pratiquons le plus souvent sur de vieux
ceps. Habituellement l'opération se fait au printemps,
à œil poussant. M. Fuller conseille néanmoins de la faire
à la fin de l'automne, avec cette précaution que le scion
implanté sur le sujet est recouvert tout de suite d'un
pot renversé, autour duquel on place de la paille en re-
couvrant le tout de terre. La soudure de la greffe au sujet
est faite avant la pousse du printemps. Le même auteur
conseille de greffer de la façon suivante toutes les pousses verticales qu'a émises, l'année d'avant, un provin
actuellement couché dans le sol : on découvre les pousses
du provin, on les taille en bec de flûte, entre la base et
le premier œil ; on prend des greffes d'un diamètre égal
au sarment que l'on veut greffer ; on taille chaque greffon
en bec de flûte sous en angle tel, que les deux surfaces
inversement obliques du sujet et du greffon, mises en
contact, se correspondent par toute leur étendue. Une
ligature assure la permanence du contact ; la terre glaise
sert d'enduit protecteur. Cette greffe est un *placage* souterrain.

M. Fuller conseille également un système de greffe
qui, de greffe en fente souterraine la première année,
devient greffe marcotte les années suivantes. Il consiste,
en effet, à prendre des greffons d'un an poussés en un
sarment unique et dressé, à les transformer en provins
comme on le ferait pour des sarments de la vigne-mère.
C'est un moyen proposé principalement pour transformer
en entier un vignoble, en faisant occuper aux nouveaux
ceps (greffes-marcottes) les intervalles entre les ceps
primitifs, destinés à disparaître par l'arrachage.

Ceci nous amène aux deux formes de greffe que
M. Henri Bouschet a préconisées récemment parmi nous,

comme un moyen rapide et pratique de régénerer nos
vignes au moyen des cépages américains résistants. La
première est ce qu'il appelle *la greffe-provin :* elle est applicable aux vignobles existants; la seconde, qu'il appelle
bouture greffée, concerne les plantations à faire. Voici en
quoi elles consistent, et surtout à quel usage spécial
M. Bouschet propose de les appliquer :

Qu'on suppose un cep de vigne phylloxeré ou près de
l'être, mais ayant encore assez de vie pour nourrir une
année la greffe faite sur un ou plusieurs de ses sarments. Greffés au printemps en fente ou à la greffe anglaise, avec des greffons de vigne américains, ces sarments seront immédiatement couchés dans le sol et
transformés en marcottes. Ordinairement, dit M. Bouschet, ces greffes-marcottes portent fruit dès la deuxième
année. Que, dans l'intervalle, le cep primitif soit mort,
son remplaçant américain est là pour combler le vide,
soit qu'on l'estime assez pour lui-même pour le conserver
tel quel, soit qu'on veuille en faire, à son tour, un sujet
pour une greffe de vigne française. La différence entre
la greffe-provin Bouschet et la greffe-marcotte Fuller,
c'est que la première se fait d'emblée, à la fois comme
greffe et comme provin; tandis que, pour la seconde, la
greffe se développe d'abord verticale et n'est couchée en
marcotte que l'année d'après.

La *bouture greffée* consiste dans l'union établie entre
un fragment de sarment servant de pied-mère et un fragment de sarment servant de greffe, puis dans la plantation du tout à la manière d'une bouture simple. En supposant que le sujet soit un cépage américain résistant,
et le greffon une variété européenne dont on désire avoir
le produit, c'est gagner du temps que de faire ainsi, du
même coup et en même temps, la greffe et la plantation.

L'opération du greffage (soit en fente, soit à l'anglaise) peut se faire dans la chambre, au coin du feu. M. Bouschet a montré d'ailleurs, dans la récente Exposition du Congrès viticole de Montpellier, des échantillons bien réussis de ces deux modes de greffe, qu'il a eu l'heureuse idée de recommander [1].

On voit quel rôle la greffe est appelée à jouer dans la transformation de nos vignobles ; à plus forte raison devrait-elle intervenir s'il s'agissait de faire vivre sur des racines résistantes les plants à vins fins de Bourgogne, de Bordeaux, de Champagne, nos raisins de bouche, nos muscats, etc. L'avenir dira dans quelle mesure ce procédé aura servi dans la lutte générale contre le phylloxera ; en tout cas, il n'a jamais été question de sacrifier à des vignes étrangères ces plants nationaux, mais au contraire de les sauver par ces vignes étrangères, si les moyens plus directs sont insuffisants à les faire vivre.

C. — Plantation

La seule chose qui nous intéresse dans ce chapitre, c'est la distance à laisser entre les plants. Cette distance doit varier suivant la vigueur des cépages et leur puissance d'expansion. Pour les variétés du groupe *Rotundifolia*, qui se cultivent toutes en tonnelles, l'espacement varie de 6 à 10 mètres, suivant la fertilité du sol. Pour les vignes américaines ordinaires, que l'on cultive presque toujours en lignes, la distance d'un cep à l'autre doit être

---

[1] Consulter : **Henri Bouschet**, *Moyens de transformer promptement par les vignes américaines les vignobles menacés par le phylloxera*. (*Messager agricole du Midi*, 10 février 1874.)

de 1ᵐ 80 à 3 mètres, avec des intervalles de 1ᵐ 80 entre les rangées. Mais il n'y a pas de règle fixe à cet égard, sauf que, en général, l'écartement entre les vignes americaines doit être plus grand qu'entre les vignes européennes.

D'autres fois, c'est l'intervalle entre les rangées qui est le plus large, et l'intervalle d'un cep à l'autre dans la ligne le plus petit(2ᵐ 10 et 1ᵐ 20). La plantation se fait d'habitude avec des plants enracinés (chevelées de un à deux ans), dans des tranchées larges de 0ᵐ 45 environ, dont le fond incliné a 0ᵐ 08 au haut de sa pente et 0ᵐ 14 dans le bas ; on y couche chaque plant de façon à ce que le sarment s'applique contre le talus antérieur (le moins profond) de la tranchée, et que les racines, convenablement raccourcies au sécateur, s'étendent en long sur le fond oblique de ce même fossé. La profondeur doit varier, du reste, suivant les sols, augmentant en raison de la moindre compacité du terrain et de la sécheresse du climat.

D. — TAILLE ET CONDUITE DES CEPS

En tout pays, ces deux operations sont connexes, et l'une et l'autre sont capitales pour la bonne végétation et la fertilité des vignes. Dans le Midi, où la taille courte sur souches basses est la règle à peu près générale, c'est tout une révolution à introduire que la taille longue avec bois de remplacement (système Guyot), ou la taille courte sur les productions latérales d'une charpente palissée en cordon horizontal ou oblique, ou dressée contre un échalas. Ce changement de système de taille ne sera probablement pas nécessaire, si l'on se contente de greffer, sur le cep américain comme sujet, nos cépages méridionaux, qui produisent à souche basse et à taille courte ; mais il est indispensable si l'on veut faire du cépage américain un producteur direct de raisins. Examinons donc ce dernier cas, et passons rapidement en revue les diverses manières de conduire et de tailler les vignes indigènes des États-Unis.

Et d'abord il y a le système de treillis ou palissage, qui comporte lui-même beaucoup de variétés, tant pour la nature que pour la disposition des matériaux : pieux et lattes en bois, ou pieux en bois et fil de fer horizontaux, ou pieux et traverses en bois avec fils de fer verticaux, ou pieds en fonte et fer avec fils de fer transversaux tendus au moyen de raidisseurs. On trouvera là-dessus toutes les indications possibles dans les ouvrages de pomologie ou de viticulture des régions où prévaut la méthode de la culture de la vigne en cordons. L'espacement des supports verticaux, le nombre des fils de fer superposés en lignes parallèles, varient suivant la nature, et la grosseur de ces appareils ; la hauteur du treillis doit varier également, suivant la vigueur du cépage et l'intérêt qu'on a à éloigner plus ou moins les raisins du sol. dont l'humidité pourrait les pourrir ou dont la réverbération calorifique doit les mûrir. Poser là-dessus des règles *à priori,* même d'après les chiffres moyens indiqués dans les ouvrages de viticulture américaine, serait devancer sans raison les résultats que la pratique seule pourra donner sur les divers points de l'Europe. Qui sait même si le système des hautains, avec arbres vivants ou morts comme supports, tel que l'Italie le présente sous les combinaisons les plus élégantes et les plus variées ; qui sait si ce système, condamné pour la vigne d'Europe, dont il compromet la maturation et la qualité, ne réussirait pas, dans une certaine mesure, appliqué aux cépages naturellement sarmenteux et grimpants des États-Unis? Ce n'est pas que nous comptions sur ce mode de culture (hautain et treille) comme moyen de combattre le phylloxera, ni surtout que nous songions à voir dans la taille à court bois sur nos souches basses une cause de dépérissement pour nos vigne : ces opinions, plusieurs fois exprimées, s'associent presque toujours à un certain scepticisme sur l'action directement nuisible de l'insecte et viennent aboutir à l'absurde, lorsqu'on propose sérieusement de laisser du long bois de taille aux vignes déjà à moitié épuisées par la maladie phylloxérique.

Pour introduire de l'ordre dans ce sujet complexe de la taille et de la conduite des ceps, nous allons successivement étudier, année par année, la manière d'en constituer la charpente principale et d'en répartir les productions en bois et en fruits. Nous verrons aussi comment cette charpente et ces productions sont soutenues plus ou moins loin du sol, par des échalas ou des treillis.

Première année. — Qu'on ait planté des boutures ou des chevelées d'un an, on ne laisse pouser qu'un seul sarment, que certains auteurs (Buchanan, Fuller) recommandent de fixer à un échalas vertical et que MM. Bush disent pouvoir être laissé à lui-même; les uns veulent qu'on pince en été les pousses latérales, d'autres qu'on les laisse entières.

Deuxième année. — C'est pendant l'hiver de cette année qu'on établit le système de supports permanents (treillis ou échalas), auxquels la charpente des ceps doit être fixée. Le cep lui-même a été taillé à deux ou trois yeux sur le sarment d'un an. De ces yeux partent au printemps deux ou trois pousses, dont on ne conserve que deux ou même qu'une, suivant la vigueur du cépage et la manière dont on veut en former la charpente. S'il y en a trois, on peut se servir de la plus basse comme provin ; les deux autres sont attachées au treillis verticalement ou obliquement. S'il s'agit de variétés peu vigoureuses, on en pince dans le cours de l'été les pousses latérales, en laissant intact l'axe principal ; s'il s'agit de variétés luxuriantes, on pince en été la pousse principale lorsqu'elle a atteint la hauteur d'un mètre environ : la séve, refoulée sur les côtés, fera développer les pousse latérales, qui, taillées à quatre ou cinq yeux l'automne ou l'hiver de la même année, donneront, la troisième année, des sarments à fruit et à bois. Quelquefois on se contente d'un de ces sarments pour la charpente du cep futur ; l'autre sarment est alors abaissé dès le mois de juin et couché dans le sol comme provin.

Troisième année. — Supposons un seul sarment de l'année précédente, dressé verticalement contre un treillis à montants en bois et à fils de fer transversaux (trois ou quatre fils de fer espacés d'environ 0^m 38). Les pousses latérales de ce sarment sont au nombre de quatre à six ; les deux plus basses taillées sur deux yeux, les autres sur quatre à six yeux. Dans le courant de l'été, nous devons traiter diversement les pousses nouvelles qui vont sortir de ces yeux ; commençons, par exemple, par celles des sarments latéraux taillés à deux yeux. Les deux pousses que produisent ces deux yeux ont deux destinations différentes : de l'une, nous voulons faire la branche à fruit de l'année prochaine ; nous la laissons donc pousser d'abord librement, sauf à l'attacher, si sa position le permet, au fil de fer inférieur ; si sa vigueur est trop grande, nous la pincerons vers son extrémité, mais seulement après que les raisins auront noué. La seconde pousse est destinée à porter fruit cette année même et à être taillée court l'hiver prochain, pour donner la branche à bois de l'année suivante : dès qu'elle a environ 0ᵐ 18 à 0ᵐ 25 de longueur et que les boutons à grappes sont bien visibles, on les pince au-dessus du deuxième ou du troisième raisin (c'est-à-dire bouton à grappe ou *forme* de quelques pays, *embryo fruit* de Husmann). L'opération a pour but de faire refluer vers les grappes et les parties conservées de la vigne la séve qui se perdrait en se dirigeant vers le bout feuillé du sarment. Des pincements ultérieurs vont arrêter au-dessus de la première feuille toutes les pousses latérales qui, après la floraison de la vigne, seront parties de l'aisselle des feuilles.

M. Husmann donne à cette opération du pincement une importance capitale et assure qu'en l'imaginant et l'appliquant aux vignobles du Missouri, M. William Poeschel a largement augmenté la production de ces vignobles. L'opération doit se faire méthodiquement sur toutes les parties du cep, de manière à équilibrer convenablement la production en bois et en fruits de la plante, d'après ce principe que les sarments à fruit de l'année seront complétement supprimés à la taille d'hiver suivante, et que les sarments à bois de l'année courante, fructifiés ou non, seront taillés long (à quatre ou six yeux) l'hiver, pour devenir rameaux à fruit l'année suivante. Comme on le voit, c'est le système Guyot appliqué, non pas à des cépages relativement faibles, auxquels on ne laisse qu'une branche à bois et une branche a fruit, mais a des cépages très-vigoureux, demandant plus d'espace que les nôtres, et pouvant porter plusieurs branches à bois et plusieurs branches à fruit sur les divisions de leur charpente.

Un mode de conduite des ceps préconisé par M. Fuller, c'est le cordon horizontal à deux bras opposés et divergents. Voici en quoi il consiste. Qu'on suppose une ligne de ceps de deux ans ayant chacun deux sarments : dans le milieu de l'intervalle d'un cep à l'autre, on enfonce en terre un poteau de bois dont la partie enterrée soit de 0^{m}75, et la partie extérieure de 1^{m}20 ; les ceps étant à 2^{m}40 l'un de l'autre, ce sera aussi la distance d'un poteau à l'autre. Reliez ces poteaux par deux lattes transversales de bois parrallèles entre elles, l'une clouée près du sommet des poteaux, l'autre près de leur base, à 0^{m}30 du sol. Cela fait, taillez les deux sarments à 1^{m}20 chacun de longueur, et liez-les horizontalement à la latte inférieure. A la pousse du printemps, quand vous aurez vu quels bourgeons se sont développés en jeunes rameaux, vous mettrez à chaque point d'où naît une de ces pousses un fil de fer vertical, s'étendant d'une latte à l'autre, et auquel la pousse sera liée à mesure qu'elle se développera. On aura eu soin de supprimer de bonne heure les pousses des yeux qui, sur les sarments abaissés, regardent la terre, pour ne laisser subsister que ceux qui regardent le haut du treillis. Si pourtant, pour la régularité, l'on devait remplacer ces bourgeons regardant en haut par un œil regardant en bas, la chose se ferait aisément par une flexion graduelle de la pousse inférieure, qui la ramènerait dans la direction zénithale ; il va sans dire qu'un triage intelligent ne conserverait de bonne heure que les pousses vigoureuses et bien placées. Chaque pousse ainsi conservée pourrait produire trois à quatre raisins ; mais il faudrait n'en garder que deux au

plus chez les cépages peu vigoureux. Un premier pincement se fait sur chaque pampre vertical, aussitôt qu'on
voit deux feuilles épanouies au-dessus du plus haut bouton a grappe ; un pincement ultérieur arrêtera l'allon-
gement de ces pampres dans les limites de la hauteur du
treillis ; d'autres pincements feront refluer la séve des
rameaux latéraux sur l'axe principal. On doit conserver,
sur chaque bras horizontal du cep, le même nombre de
sarments, et les tenir aussi équidistants que possible ;
on peut en avoir ainsi jusqu'à six pour chaque bras. En
taillant en hiver les douze sarments à deux yeux, c'est-à-
dire en chicots (*spurs*, éperons) assez courts, on pourrait
avoir, à la fin de la quatrième année, vingt-quatre sarments, qui, à raison de trois raisins, donneraient soxante-
douze raisins pour tout le cep. Dans ce système, on taille
court, tous les ans, tous les sarments à la fois ; on ne distingue pas entre la branche à bois et la branche à fruit.
C'est une méthode qui paraîtra probablement plus simple à nos vignerons du Midi ; tandis que la méthode précédente, taille longue avec bois de remplacement, ne
surprendra nullement les vignerons du Médoc, de la
Bourgogne et de la Champagne, chez lesquels elle est
plus ou moins appliquée.

Pour les cordons à bras divariqués, tels que M. Fuller
le conseille, et pour tout cordon simple à base courte,
à bras peu élevés au-dessus du sol, on pourrait à la
rigueur se passer du palissage compliqué de poteaux,
lattes et fils de fer verticaux. De simples échalas plantés
en ligne, et calculés quant à leur nombre et leur force
sur le poids des pampres et des fruits à supporter, pourraient suffire dans bien des cas. M. Gaston Bazille, par
exemple, a résolu d'une façon très-économique et très-
simple ce problème de l'étayage des vignes, en ce qui

concerne ses Teinturiers cultivés dans le sol fertile de Lattes. Entre deux ceps consécutifs, il plante en terre un petit échalas percé d'un large trou ; ne laissant à la taille d'hiver, à chaque cep, que deux longs sarments, il passe chacun des deux sarments dans le trou d'échalas correspondant, de telle sorte que les sarments de deux ceps voisins se croisent dans le même trou. Dans ces conditions, le voisinage d'un sol frais, le poids de nombreux raisins et de pampres latéraux, n'empêchent pas la maturation et la conservation relative de ce raisin précoce. A plus forte raison pourrait-on peut-être soutenir aisément, par des échalas en ligne, les bras de cordons de souches américaines, qui prendraient de la force à mesure qu'ils grossiraient avec les années. Car la différence entre les cordons horizontaux de M. Fuller et les sarments horizontaux aussi des Teinturiers de M. Bazille, c'est que les premiers sont des charpentes permanentes taillées en coursons chaque année, tandis que les seconds sont des productions annuelles, transitoires, portant fruit l'année même, mais remplacés l'année d'après par des sarments à bois réservés comme futurs sarments à fruits.

Pour les diverses variétés de cordon, je ne puis que renvoyer aux ouvrages spéciaux ; la vigne se prête à toutes les formes, à toutes les directions, même les plus fantaisistes. On a même proposé en Amérique, comme une invention due à un paysan de Beaune et préconisée par le Dr Guyot, la méthode que MM. Bush appellent *trailing chain culture,* ce qui se traduirait littéralement par *culture à cordons traînants,* et qu'on pourrait nommer plus justement *la culture traînante et désordonnée.* C'est une sorte de treille couchée sur le sol et dont les rameaux chargés de fruits sont soutenus par de courts tuteurs terminés en fourche. La taille s'en fait suivant la méthode Guyot, et l'objection de l'impossibilité des cultures sous ces fouillis de pampres est levée, dit-on, par ce fait que, pendant la période de repos de l'arbuste, on en déplace la masse entière, tantôt dans un sens tantôt dans un autre, pour permettre les labours de l'hiver tout au moins.

Dans certaines parties des États-Unis, à Cincinnati par exemple, dans la Caroline du Nord, j'ai vu les ceps, au lieu d'être palissés, être dressés sur gros échalas verticaux. La tige principale, souvent assez grosse, peut alors être chargée sur sa longueur de productions de l'année (sarments à fruits, sarments à bois, sarments mixtes). Les deux systèmes de taille y sont appliqués comme aux vignes palissées, savoir : taille longue avec bois de remplacement, ou taille courte sur courson à deux ou trois yeux. Cette dernière taille, où tous les sarments annuels sont renouvelés, sauf ceux qui doivent augmenter la charpente, est peut-être plus généralement adoptée que la taille longue : ce n'est pas, en effet, la taille courte sur bois de charpente long qui est nuisible aux vignes américaines ; c'est la taille courte sur *ceps* ravalés et en buisson, comme nous tenons les nôtres dans le Midi.

Dans cette esquisse des modes de taille de la vigne aux États-Unis, je ne prétends donner que des indications générales ; encore l'ai-je fait avec réserve, en citant mes autorités, en m'en référant pour l'avenir à la chose qu'aucune autorité ni livre ne remplace : l'expérience des praticiens instruits.

Je ne puis rien dire de précis sur la taille des *Scuppernongs* et des autres *Rotundifolia*. On assure que ces vignes ne supportent pas la taille à bois dormant, que tout au plus on peut les émonder dans le courant de l'été. C'est

un soin qu'on ne prend pas partout, car j'ai vu souvent
dans la le Caroline du nord fouillis inextricable des rameaux de *Scuppernong* montrer de nombreuses brindilles
sèches entre ses pampres verdoyants.

Ici s'arrête, pour le moment, le programme que je
m'étais tracé. Si incomplètes qu'en soient les indications,
elles suffisent, j'espère, pour répondre aux premiers *de-
siderata* des planteurs de vignes américaines. L'expérience suppléera vite et sûrement a des lacunes qu'il y
aurait présomption et danger à vouloir remplir d'après
des données insuffisantes. Nul ne désire, d'ailleurs, plus
que moi que cette expérience sur des cépages exotiques
devienne inutile, grâce à des moyens plus directs de conserver nos vignes indigènes. En tout cas, ce ne sera pas
peine perdue que d'avoir fait connaissance avec toute
une catégorie de cépages longtemps ou inconnus ou ca-
lomniés au delà de toute mesure. « Surtout gardons-
nous de les introduire dans les pays non infectés de phylloxera. » Ces mots pouvaient servir d'épigraphe à cet
opuscule : ils lui serviront de conclusion et en marque-
ront l'utilité la plus générale.

FIN

TABLE DES MATIÈRES

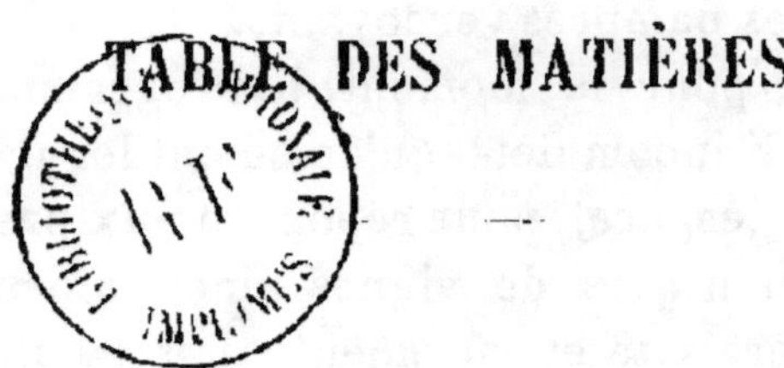

MONTPELLIER, IMPRIMERIE CENTRALE DU MIDI

BOEHM ET HAMELIN.